●略　歴

１９７１年　諏訪精工舎(現セイコーエプソン)入社
〜１９８２年　同社にてウォッチ部品加工(分析、メッキ、バレル、熱処理)を担当。
　　最後の2年は外注管理も担当。
１９８３年　新規事業「ＴＦＴ」の立上げプロジェクトに参画。↑ここでクリーンルームを

知り、クリーン化技術と出合いました！

〜１９９３年　ＴＦＴ事業の製造技術を担当(途中で1年間、半導体事業の
　　応援に出ている期間がありましたが…)。
〜１９９７年　ＭＩＭ(液晶表示体の一種)事業の製造技術を担当。
〜２００５年　生産技術開発本部にて国内外の各部門でのクリーン化技術支援を担当。
〜２００７年　ＣＳ品質保証推進部にて、国内外の各部門でのクリーン化技術支援を担当。
〜２０１１年　映像機器事業部に異動し、クリーン化を担当。

※1983年〜2011年は、一貫してクリーン化技術業務を担当してきました！
今の私があるのは、この28年間のおかげです。

では次は、その約30年間で、矢島は現場から何を学び、現場で何を作り上げてきたのでしょうか…
それについては、裏表紙側の見返しで、もうちょっと詳しくご紹介しましょう。　【続く】

NCC 現場が生まれ変わるシリーズ

実践で差がつく！「ゴミ・異物不良」改善術

矢島良彦・著

コペル書房

本書の案内人

人々が知らない、とある近未来都市。そこに日夜、塗装（Coating）・洗浄（Cleansing）・クリーン化（Cleaning）に共通する3つの「C」の技を磨き、知識を深める小さな研究所兼秘密基地があります。その名は──「3Cラボ」。

一見平和な世の中でも、どこかで誰かが困っている（はず）。3Cラボ研究員の面々は、どんな小さな声も聞き逃しません。ひとたび「助けて～！」という悲鳴をキャッチしようものなら、白衣を脱ぎ捨て、正義の味方に大変身！ 愛と勇気と知恵と技術と、たまには力業で、どんな悩みもズバリ解決します。

そんな彼らの活躍は、NCC株式会社の公式サイト「ズバリ解決！ 3Cラボ（ncc-3clab.com）」で読むことができますが、今回は特別に、案内人として本書にも出張してもらいました。彼らが磨く3つの「C」の技の数々、とくとご覧ください！

博士（ラボボス）
知識の深さは賢人レベル。
いつもおだやか。

塗装グリーン
俺に塗れないものはない！
職人気質の勉強家。

ダークムーダー
ムリ・ムダ・ダメを
こよなく愛する暗黒魔神。

シーファー
好奇心旺盛な
謎の生命体（妖精?）。

洗浄ブルー
冷静沈着、的確な判断。
いつもクールな理系男子。

クリーン化オレンジ
気は優しくて力持ちな
自然派男子。

はじめに

皆さんは、どのようなきっかけから本書を手に取られましたでしょうか。

日頃からゴミ・異物の課題と格闘しておられるのでしょうか。

ゴミ・異物は、古くは漆塗りの工房から始まり、現代社会では半導体や電子部品など、世の中を支える多くの製品づくりにおいて根幹の問題になっています。

どんなに素晴らしい半導体製品や電子製品でも、1㎜以下、いや1㎛レベルの小さなゴミ・異物によってその性能が発揮されないことがあり、歩留まりが悪くて儲けが出ない、つまり商売にならないことさえあるのです。

そんなゴミ・異物問題の捉え方をお伝えし、対策の一助になろう――というのが、本書のねらいです。この本の内容を実践することですべての対策ができる訳ではありませんが、大別してふたつ、ゴミ・異物の本質を知ること、そして現場で具体的対策を取るときは気流の管理が重要なのだということに焦点を絞って力説しました。

私自身、若い頃は、ゴミ・異物不良が発生すると製造環境の清浄度を測定して、それを上げることにばかり目が向いてしまった時がありました。でも、まず大事なのは、対象とする製品が不良となってしまう可能性のあるゴミ・異物の性状や大きさ（粒子なのか、繊維状なのかなど）を正確に把握することなんですよね。特異な様態物質から不良になっていることはないか。そもそも問題となっているゴミ・異物の存在を確認できているのか。不良につながる可能性のある物質の、製造空間における挙動はいかなるものなのか――などなど。

ゴミ・異物は、性状や大きさによってその挙動が異なります。自工程の清浄度を上げるだけでは、歩留まりに効果が現れないことも大いに考えられるのです。

本書を手に取ってくださった皆さんには、こうした事象をクリーン化技術に関する取り組みとして把握すること、それが、より効果的な対策・施策につながることを知って欲しいと思っています。

ゴミ・異物という課題を解決するには、色々な基礎知識や技術・技能・経験が必要になってきます。また、いくらそれらを身に付けても、実はゴミ・異物問題は終わりのない課題とも言えます。

ゴールがないこと――それこそがゴミ・異物不良問題の本当の難しさなのかもしれません。

私自身もまだまだゴミ・異物問題について日々追究し続けている訳ですが、長くクリーン化技術に携わってきたひとりとして、培ってきた知識や経験を皆さんにお伝えしたいと思い、本書を執筆しました。

皆さんの生産活動において、これから先の環境の見直し・改善のために少しでもお役に立てれば幸いと考えます。

2023年12月

矢島良彦

目次
CONTENTS

本書の案内人 …… 2
はじめに …… 3

第1章 ゴミ・異物の本質を知ろう。 …… 11

1 ゴミ・異物とは何なのか？
ゴミ・異物とは、必要のないすべてのもの …… 12
ゴミ・異物とはどんなものか？ …… 14
ゴミ・異物はどこからやって来る？ …… 16
ゴミ・異物のサイズについて …… 18
ゴミ・異物を防ぐ防塵衣の話 …… 20

2 異物不良発生のメカニズム
ゴミ・異物の大きさや様態で異なります …… 24
ゴミ・異物の難物〈粗大粒子〉とは？ …… 28
ゴミ・異物対策の基本四原則 …… 30
ゴミ・異物不良の事例集①〈塗装工程での付着は、商品価値を著しく低下させる〉 …… 32
ゴミ・異物不良の事例集②〈ゴミ・異物はインクジェットプリンターの大敵〉 …… 34
ゴミ・異物不良の事例集③〈大画面に映り込んだら興ざめしますよね？〉 …… 36
ゴミ・異物不良の事例集④〈インクカートリッジにもゴミ・異物不良は潜む〉 …… 37

「1」「2」まとめ …… 38
Special Column 1 《エッ!! 防塵靴がゴミ・異物の元凶に!?》 …… 39

3 ゴミ・異物の見える化のススメ

ゴミ・異物は、肉眼で見ることが大切です …… 40
ゴミ・異物の見える化の重要性 …… 42
ゴミ・異物の見える化の仕組み …… 44
ゴミ・異物を見つける方法① 〈チンダル現象を利用する〉 …… 46
ゴミ・異物がよく見える〈見える化ライト〉の使い方① …… 48
ゴミ・異物を見つける方法② 〈暗視野照明法（斜光）〉 …… 50
ゴミ・異物がよく見える〈見える化ライト〉の使い方② …… 52
ゴミ・異物発見の救世主はグリーンの光です …… 54
ゴミ・異物を見つけるための見える化機器あれこれ …… 56
ゴミ・異物の難物〈粗大粒子〉の挙動とは? …… 58
ゴミ・異物の計測は5㎛以上こそ大事 …… 60
「第1章」総まとめ …… 62
Special Column 2 《「清浄」はゼロが22個って何のこと?》 …… 64

第2章　気流をてなずける知恵、授けます。

第2章　気流をてなずける知恵、授けます。……65

1　てなずける空気とは？ 気流とは？

知って得する空気の雑学……66

知って得する気流の雑学……70

かくして異物は運ばれり（伝播経路の話）……72

室間差圧って何ですか？……74

気流を見える化してみよう！……76

気流をてなずけるための

〈JIS B9919 クリーンルームの設計・施工及びスタートアップ〉……78

Special Column 3 《クリーニングを実施して、初めて新品と呼べるのです。》……81

2　気流の性質についてのABC

熱を発生する機械装置には要注意！……82

なぜ、ゆっくりと歩かなくてはいけないの？……86

マノメーター（差圧計）と気流の話……88

Special Column 4 《関所を通るには、それなりのシキタリで》……89

3 気流の見える化について、しっかりと考えてみよう！

気流の見える化ってどうやるの？……90
〈タフト法〉って何？……94
〈ミストトレース〉ってどうやるの？……95
〈微風速計〉ってどう使うの？……96
〈三次元超音波風向風速計〉とは？……97
三次元超音波風向風速計での測定方法と取得データ……98
〈FFU〉と気流の可視化……100
〈FFU〉ってどういうもの？……102

4 良い清浄環境について考えよう

良い清浄環境って？……104
局所クリーン化が大事なんです……106
局所クリーン化の目的とは？……108
局所クリーン化のポイントをお教えします……110
局所クリーン環境の構築イメージ……112
筆者が考えるクリーン化手法とは？……114
局所クリーン環境を構築しても……116
Special Column 5 《片や半永久、片やわずか2〜3カ月の命！》……117

5 クリーン化事例とノウハウ集
クリーンブースによる気流のてなずけを覚えよう …… 118
クリーンベンチでの気流のてなずけを覚えよう …… 120
〈FFU〉活用時の気流のてなずけを覚えよう …… 122
〈FFU〉の理想的な取り付け方法とは …… 124
局所環境づくりの悪い事例を一挙紹介!
NG 設置された〈FFU〉の周囲に隙間があるケース …… 126
NG 2台の〈FFU〉からの空気が作用し合うケース …… 127
NG 〈FFU〉による清浄空気が加工点に到達しないケース …… 128
NG 周囲の空気の流れに影響されているケース …… 129
局所環境づくりの好事例――こんな使い方もあります!
GOOD 手元を集中的に清浄化する …… 130
GOOD 清浄空気の水平気流を活用する …… 132
GOOD ひとりで多工程を担うラインでは …… 134
気流をてなずけ、局所クリーン化を実現する八カ条 …… 136
Special Column 6 《銃を撃つ場所は、決まっています。》 …… 138
「第1章」「第2章」総まとめ この1冊を振り返って… …… 139
索引&用語解説と補足 …… 140
あとがき …… 146

第1章

ゴミ・異物の本質を知ろう。

ゴミ・異物による外観不良や機能品質不良は、古くからずっとある難題、いわば“永遠の課題”です。

そこでまずは、ゴミ・異物による不良の本質を探り、知る努力からはじめましょう！

ゴミ・異物不良が難題である2つの理由

1

不良につながる
対象異物が小さい。
直接目で見えない、
または見えづらい。

2

不良につながる
要因が非常に多い。
原因が1つではない場合がある。
または複合的な要素で
発生している可能性
がある。

ゴミ・異物不良が難題である2つの理由は、本質を知る上ではもっとも重要なんです。なので対策を講じる場合は、常に根底で認識しておく必要があります。その対応手順については、以下のようなことが挙げられるでしょう。

①その「ゴミ・異物」は何なのかを知る。
②その発生メカニズムを知る。
③それを捉え、認識する感性を鍛える。
④感性を鍛える術を知る。⇒見える化手法を熟知する。
⑤見えたら、実態を把握する。
⑥その実態について、対策を講じる。

本書では、これらの詳しい方法について説明していきます！

1 ゴミ・異物とは何なのか?

ゴミ・異物とは、必要のないすべてのもの

思い当るモノありませんか?

- 製品の割れ、製品の欠けによる破片
- 装置から出る錆やパーツ片、油分の跳ね
- 機械装置のベルトの擦れによるゴミ
- 加工機械からの屑(クズ)
- 人体からの剥離皮膚、角質、毛髪・体毛 など
- 塗料のカス、塗装剥げ など

まず、皆さんにお伺いしたいと思います。果たして、クリーン化におけるゴミ・異物とは何を指すのでしょうか?

ここでは、ゴミ・異物とは何なのか? どんなものを指すのか? そんなもっとも本質的な部分について、定義付けてみたいと思います。

一言でまとめてしまうならば、それは**「製品の機能達成上で必要のないすべてのもの」**ということになります。これを頭と心の最深部に、しっかりと入れておいてください。

例えば……製品の割れ、欠けによる破片/装置から出る錆やパーツ片/装置から跳ねた油分/機械装置を駆動させるベルト類などが擦れて発生するゴミ/加工機械からの屑(クズ)/作業者をはじめとする室内の人体からの剥離皮膚、角質、毛髪・体毛など/塗料のカス、塗装剥げなど。こうしたものが、代表的なゴミ・異物として挙げられます。

ここで、よーく思い出してみてください。皆さんの工場の製造工程で思い当たる〝モノ〟、そういえばかつて工場内のどこかで見たことがあるぞ、というような〝モノ〟は、この中にありませんか?

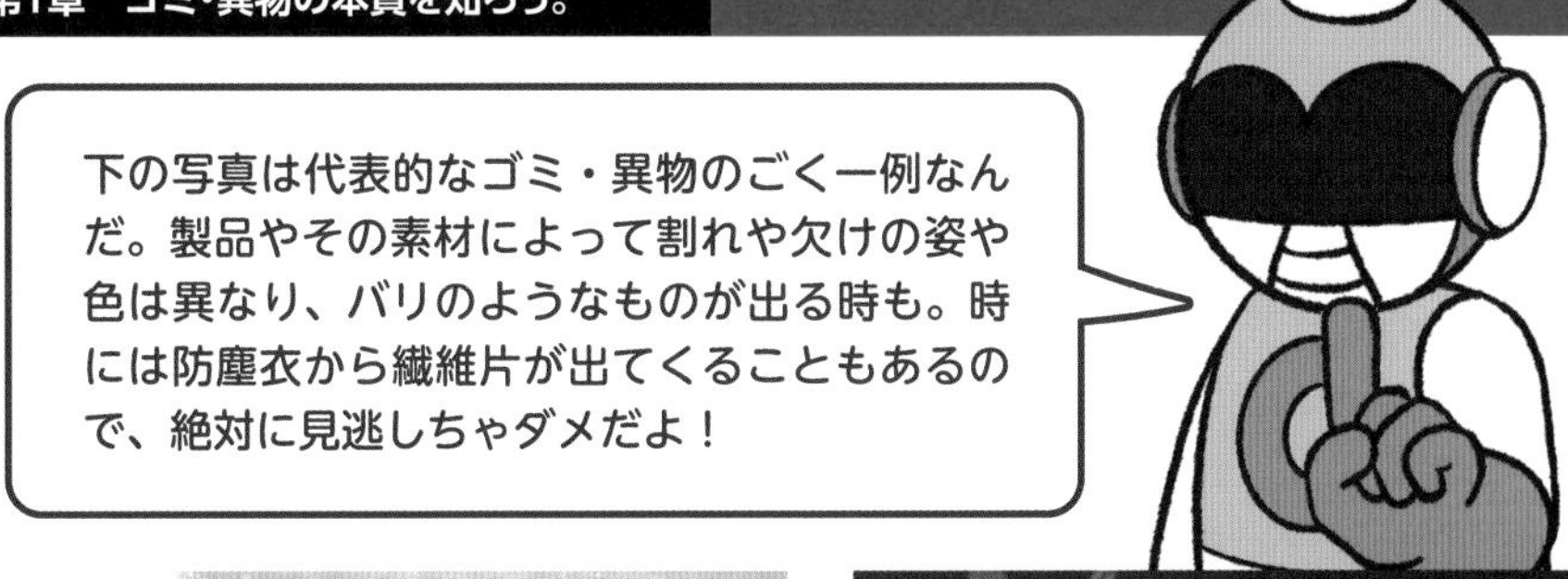
下の写真は代表的なゴミ・異物のごく一例なんだ。製品やその素材によって割れや欠けの姿や色は異なり、バリのようなものが出る時も。時には防塵衣から繊維片が出てくることもあるので、絶対に見逃しちゃダメだよ！

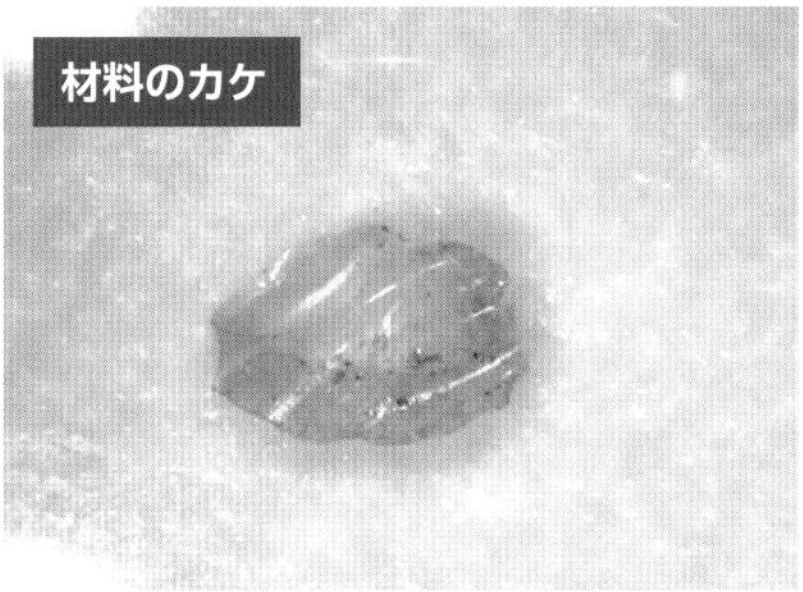
材料のカケ

材料の強度を鑑みて適切な加工方法や取り扱いをすることが重要。粗大粒子領域の異物も同時発生します。

作業衣からの脱落繊維

化繊でもあり得ますが、インナーなどから出る強度が低い綿系短繊維が圧倒的に多いです。

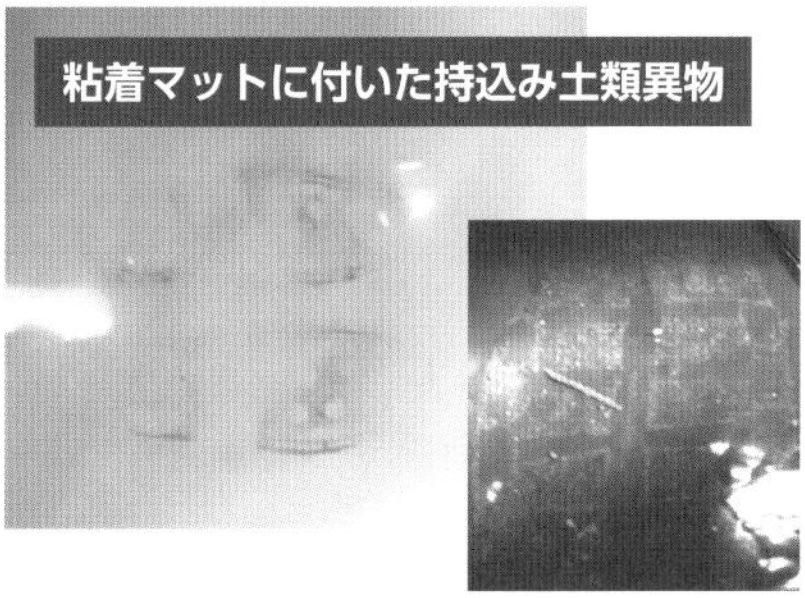
粘着マットに付いた持込み土類異物

高確率で発見される異物。多くは靴底からですが、作業衣に付着して侵入することもあり得ます。

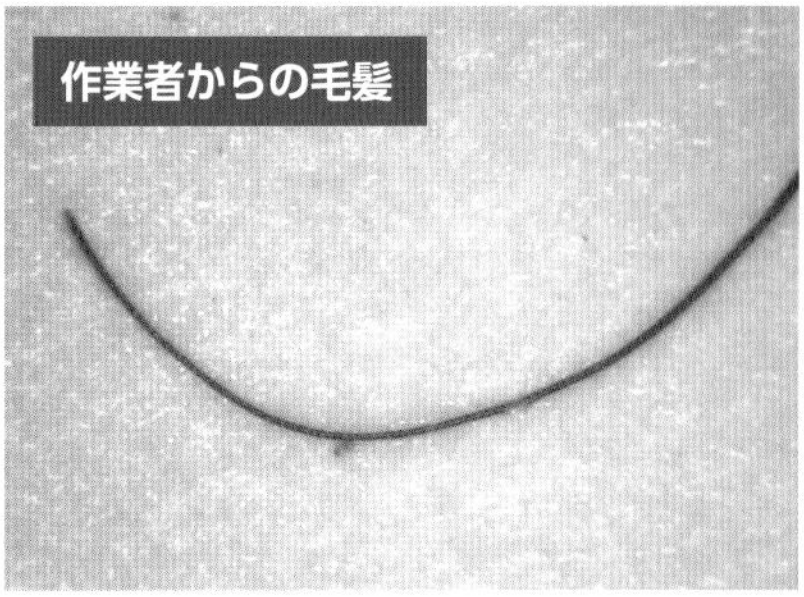
作業者からの毛髪

普通、1日100本程度は抜けると言われる毛髪。ヘアキャップなどでの対策が有効です。

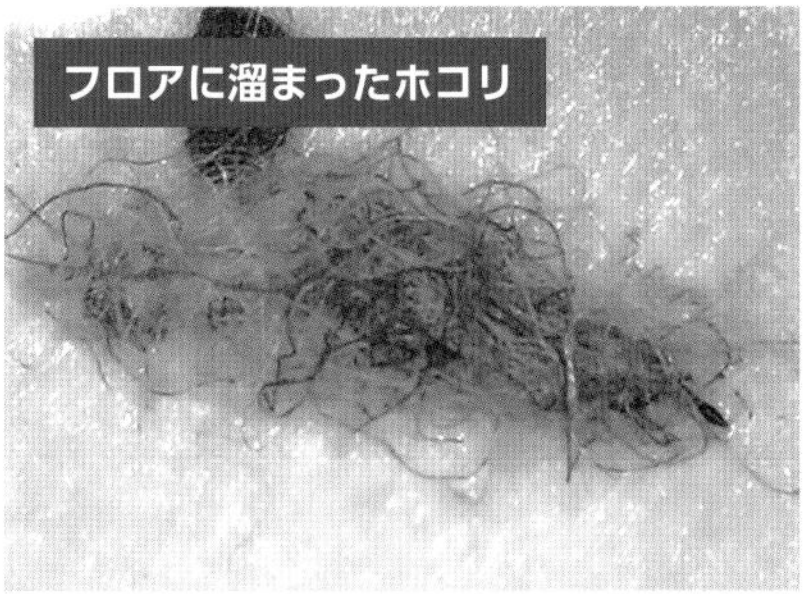
フロアに溜まったホコリ

作業者由来の場合が圧倒的。比重が小さく、再飛散しやすいので、早めに取り除くことが大切です。

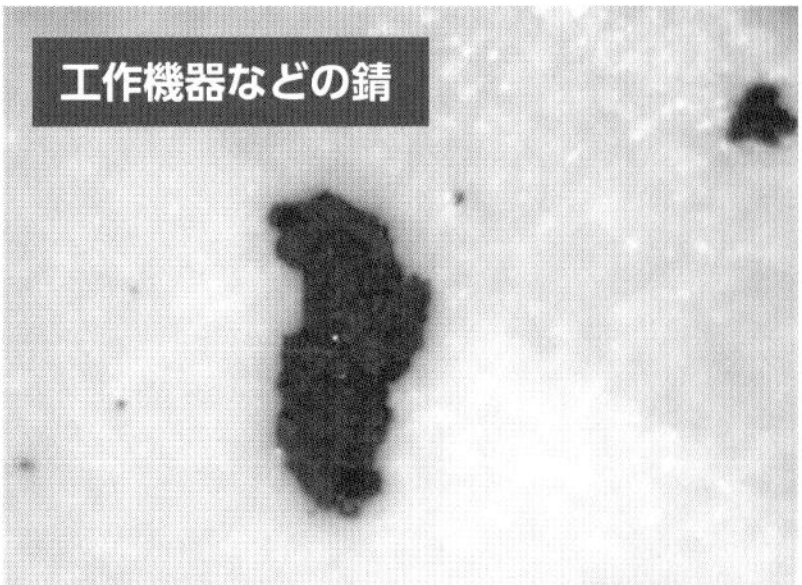
工作機器などの錆

発見したら原因の特定を急ぎ、防錆を心がけましょう。ステンレススチールも錆びるので要注意。

ゴミ・異物とはどんなものか？

屋外から侵入するゴミ・異物

- 大気中の排気ガスや化学物質などのPM2.5
- 虫、砂、ホコリ、花粉など

室内で発生するゴミ・異物

- 人から発生：衣服の繊維や皮膚の垢、毛髪など人からの発塵
- 生産設備で発生：切削屑や機械油、反応物、材料、梱包材など
- 建物から発生：シロキサンなどから発生するガス、建築材料

今度は、ゴミ・異物とはどんなものか？　考えてみましょう。

①屋外から侵入するゴミ・異物としては……

大気中のPM2・5（排気ガスなどから発生する化学物質）、虫、砂、ホコリ、花粉などが挙げられます。

②室内で発生するゴミ・異物としては……

人からの発塵（衣服や靴の繊維、皮膚片、皮膚の垢、毛髪、靴底の汚れやそれ自体の劣化などによる破片など）、生産設備からの切削屑、機械油、反応物、材料、梱包材、建物から発生するガス（シロキサンなど）、建築材料などが挙げられます。

また、空気中に含まれるゴミやホコリ、塵などは空調機の本体やダクトにも堆積するため、フィルターの管理が十分でないと、エアコンディショニングされた空気とともに室内へ排出されることも考えられます。加えて、生産するものから発生するガスが空調機内を腐食させ、その腐食したものが空気とともに排出され異物として混入する原因となることだってあり得ます。

ゴミ・異物対策では、室内外を問わず、あらゆる発生源と発生するであろうものを把握した上で、全方位的に目を光らせる必要があることを、お分かりいただけましたか？

ゴミ・異物はどこからやって来る?

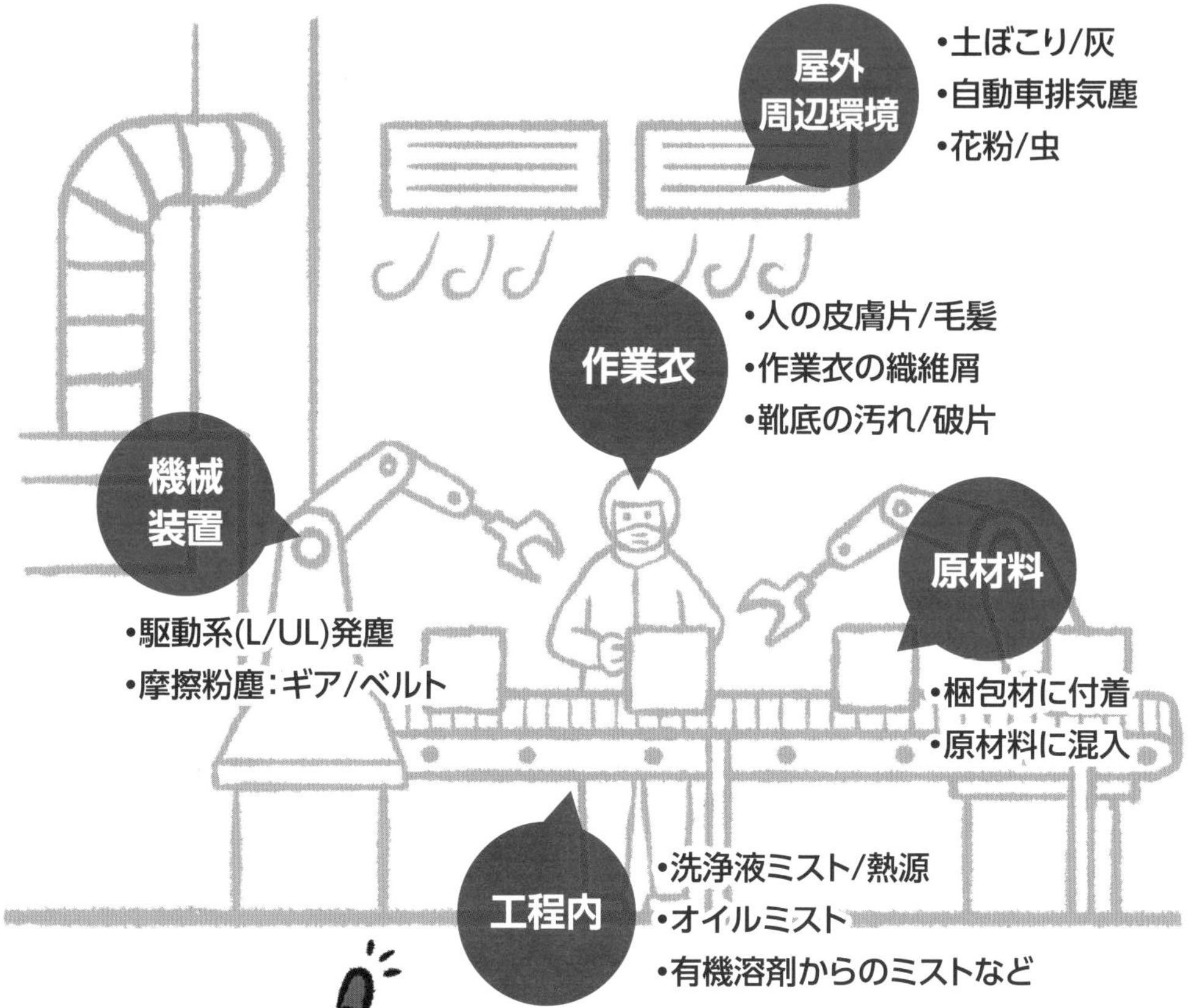
屋外
周辺環境
•土ぼこり/灰
•自動車排気塵
•花粉/虫
作業衣
•人の皮膚片/毛髪
•作業衣の織維屑
•靴底の汚れ/破片
機械
装置
•駆動系(L/UL)発塵
•摩擦粉塵:ギア/ベルト
原材料
•梱包材に付着
•原材料に混入
工程内
•洗浄液ミスト/熱源
•オイルミスト
•有機溶剤からのミストなど

次のページでより詳しく説明しますが、上の図にあるものがゴミ・異物の発生源として最たるものです。もちろん、これら以外にも「こんなところから！」なんてものはたくさんあります。ですが、作業者個人の努力で防いだり減らしたりすることもできますよ！

ゴミ・異物はどこからやって来る？

防塵衣を着ていても
自分自身が
汚染源かも?!

では、そんなゴミ・異物は、どこからやって来ると思いますか？　発生源として、誰もが一番に思い浮かべるのは、人＝作業者ではないでしょうか。

その通り！　人＝作業者からは皮膚片や毛髪（抜け毛・体毛）、フケなどが発生しますから、作業者は十分注意しましょう。その他にも、作業衣の繊維屑、作業靴の靴底の汚れや損傷時に発生する樹脂（発泡ウレタンや軟質塩ビ）などの異物があります。

中でもデータ上で、製品に影響を与える現場のゴミ・異物として大きな割合を占めているのは、作業者の作業衣やインナーから発生する繊維系のゴミ・異物で、その比率は圧倒的です。特に繊維系の異物で製品不良につながりがちなものとしては、断裂や脱落が起こりやすい短繊維の綿系異物が挙げられます。

それに続く発生源は生産機械装置です。そして、そこから発生するゴミ・異物としては、駆動系であるローダー部・アンローダー部からの発塵や、ギア・ベルト類から発生する摩擦粉塵などが挙げられます。原材料に目を向けてみると、ゴミ・異物が梱包材に付着していたり、原材料自体に混入していたりするケースがあります。工程内では、ヒーターなどの熱源や洗浄液から発生する蒸発ミストや駆動部から発散するオイルミストがあります。その他に、有機溶剤から出るミストや蒸気も異物と捉えておくことです。

続いて、屋外や周辺環境を見てみましょう。

まず砂ボコリなどの土類や灰、自動車の排気塵があります。ダニやカビなどもゴミ・異物ですし、季節によっては花粉や昆虫類とその死骸などもそうなり得ます。

このように、ゴミ・異物は工場内外のあらゆる場所から発生しています。よって、どれかひとつについて、何かひとつの対策を講じれば良いということは絶対にありません。これらは直接肉眼で見ることができない小さなものばかりですが、製品に影響を与えてしまう可能性があるゴミ・異物に違いないのです。

こうしたことが異物不良につながります

様々な現場において、袖口に注意！

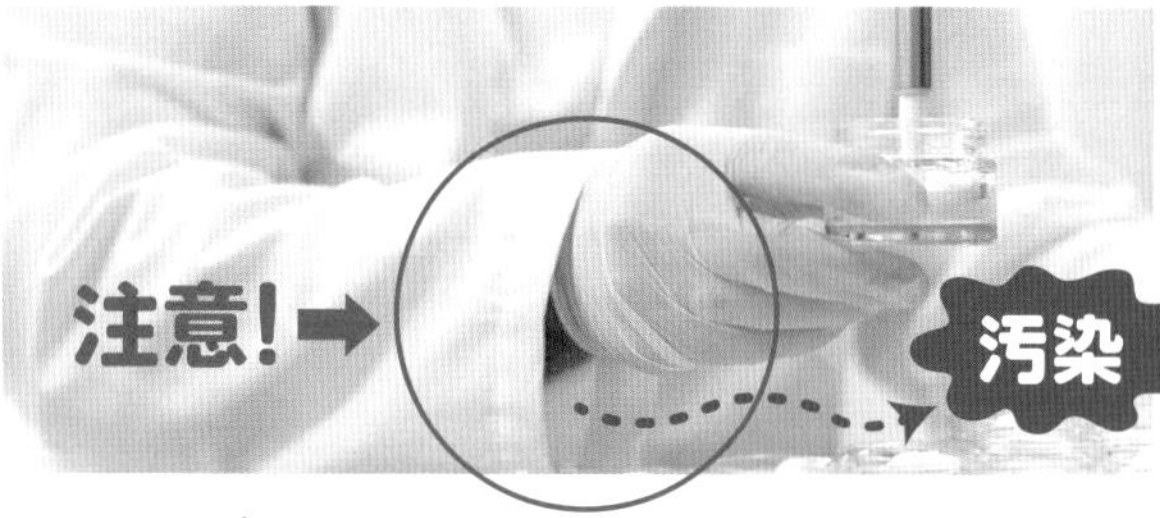

異物不良の原因となる皮膚片とは？

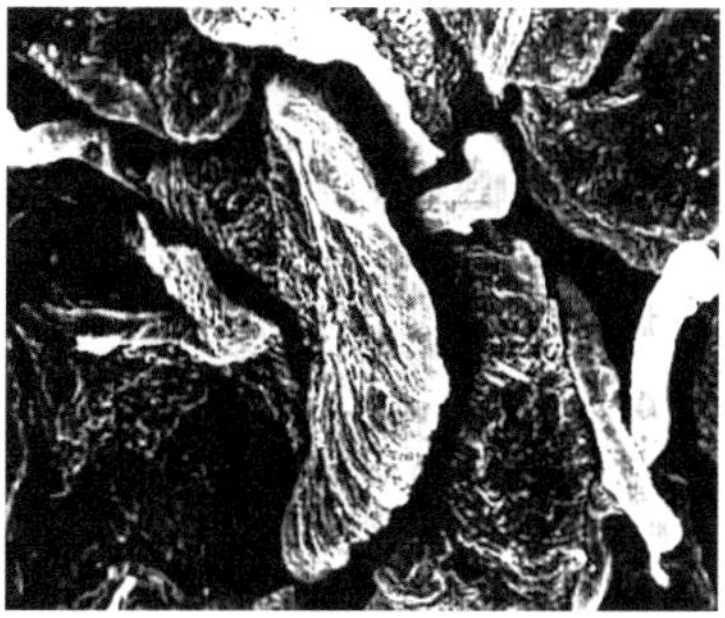

走査電子顕微鏡（SEM）で見ると…

↓ 拡大すると… ↓

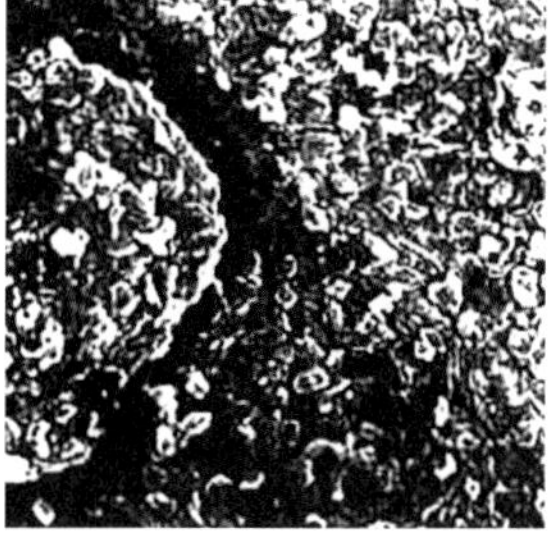

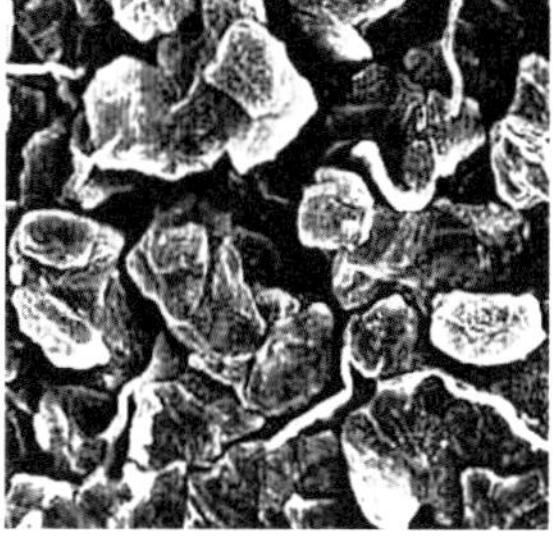

皮膚片や角質も異物不良の原因。表示デバイスでは表示欠陥につながる可能性もあります。生産環境内では、皮膚の露出に十分気をつけましょう。

大気中/粒子の粒径分布および代表的な組成例

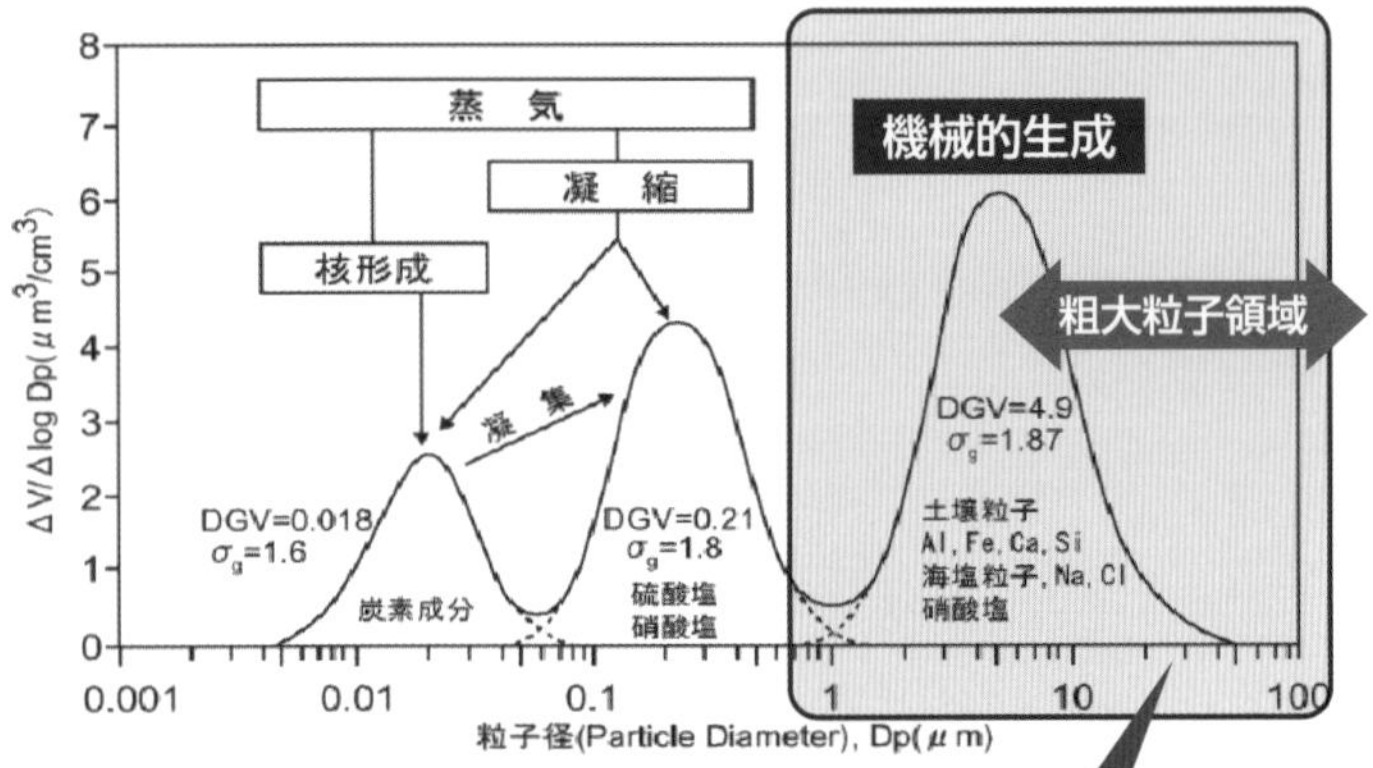

生産環境の正圧化が大気塵汚染防止のPOINT

ゴミ・異物のサイズについて

さて、ここまではゴミ・異物がどんなもので、どこからやって来るのかをお伝えしてきました。しかし、どんなものかが分かっても、どのくらいの大きさなのかを知らなくては、見つけにくいこと甚だしいですよね。

そこで次は、そんなゴミ・異物のサイズについて検証してみましょう。

大気中には、機械的生成によって5㎛をピークに、土壌粒子（いわゆる土）などが数多く存在しています。また、色々な製品不良につながる粗大粒子領域（10〜100㎛）の異物もたくさん存在しており、詳しくは後述しますが、生産環境の正圧化（陽圧化／気圧を高めに設定すること）が、大気塵による汚染の防止につながることになります。

また、サイズだけではなく、自分達が関与する製品を不良にしてしまう可能性のあるゴミ・異物の種類やその性状を確実に捉えることも大切です。これらは、実は具体的な調査や対策を考える時の大きな指標となるものです。この捉えがしっかりとできていないと、せっかく検討を重ねて実施した、自工程における対策が的外れになってしまうことになります。

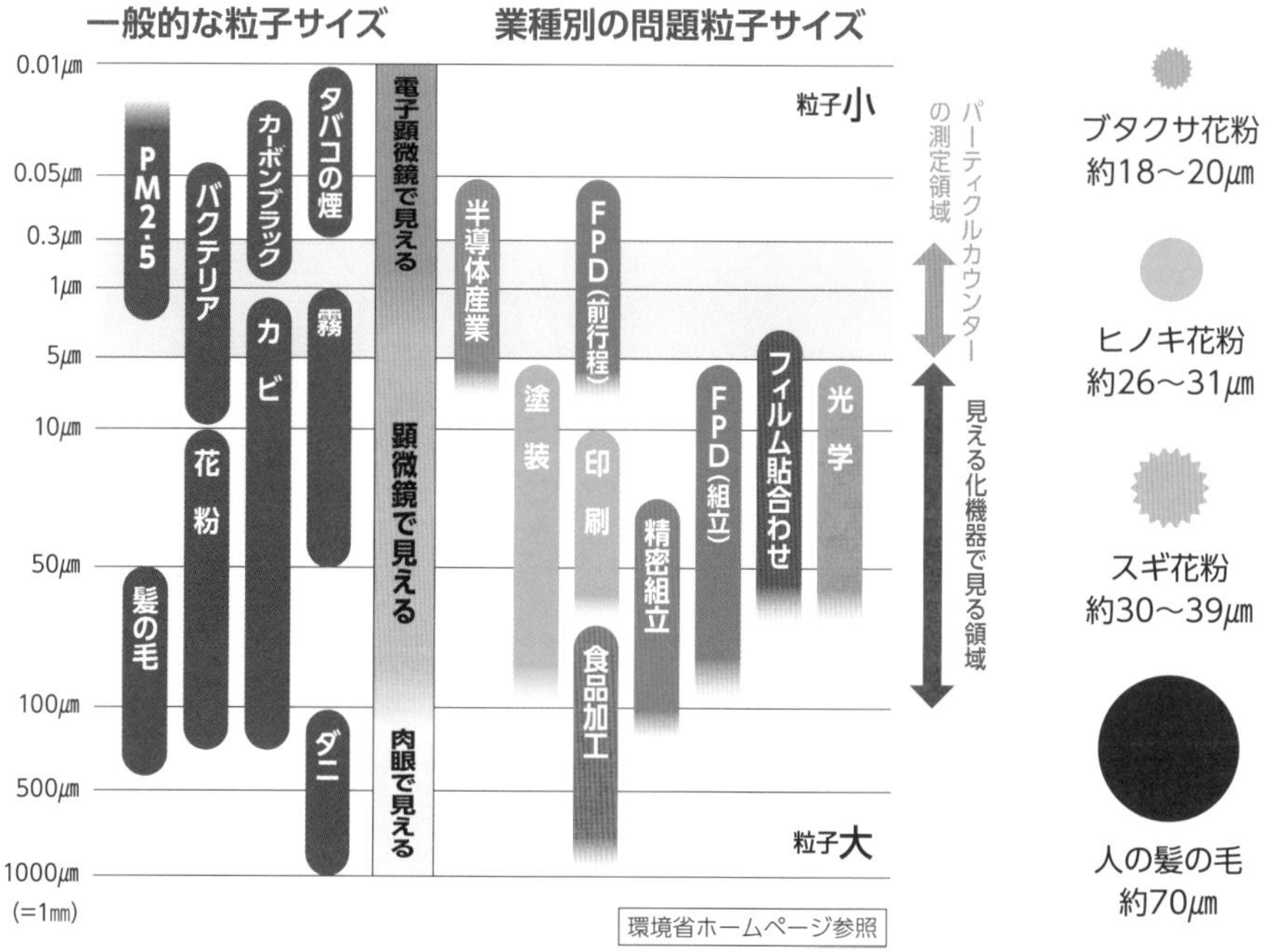
一般的な粒子サイズ
業種別の問題粒子サイズ
0.01μm
0.05μm
0.3μm
1μm
5μm
10μm
50μm
100μm
500μm
1000μm
(=1mm)
PM2.5
バクテリア
カーボンブラック
タバコの煙
カビ
霧
花粉
髪の毛
ダニ
電子顕微鏡で見える
顕微鏡で見える
肉眼で見える
半導体産業
塗装
FPD(前行程)
印刷
食品加工
精密組立
FPD(組立)
フィルム貼合わせ
光学
粒子小
粒子大
パーティクルカウンターの測定領域
見える化機器で見る領域
環境省ホームページ参照
ブタクサ花粉
約18〜20μm
ヒノキ花粉
約26〜31μm
スギ花粉
約30〜39μm
人の髪の毛
約70μm

むろん、製造している製品の仕様によって、不良の対象となる粒子径や様態は異なります。異物不良を顕微鏡で観察するなど、不良品のチェックは入念かつ的確に行いましょう。そうすれば、その実態からゴミ・異物の粒径や様態、自工程で特に注意すべきゴミ・異物の種類が必ず分かってくるはずです。

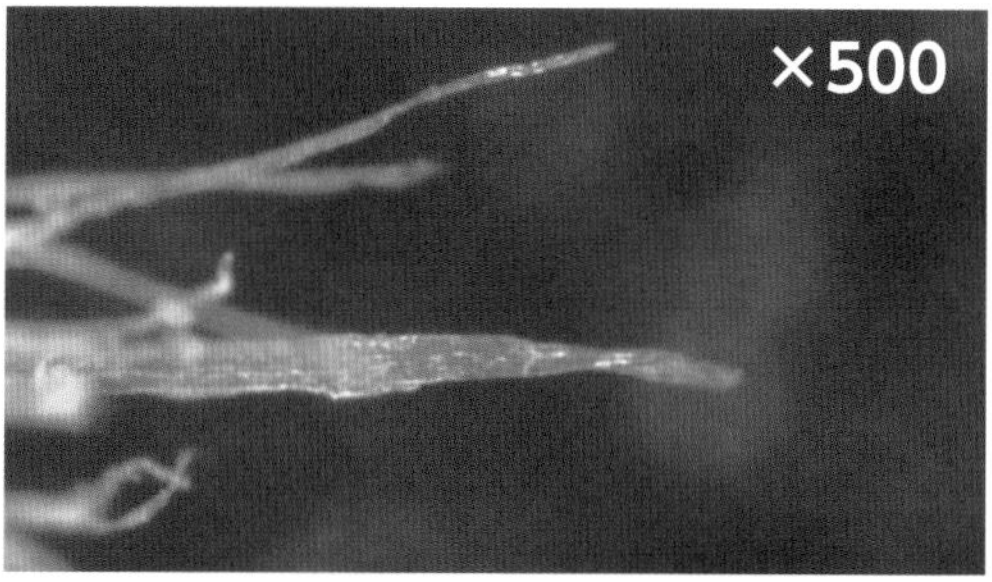
×500

普通紙の端面の繊維部分を500倍に拡大したもの。書類などをつい持ち込んでしまいがちですが、工程内への普通紙の持ち込みは厳禁です。

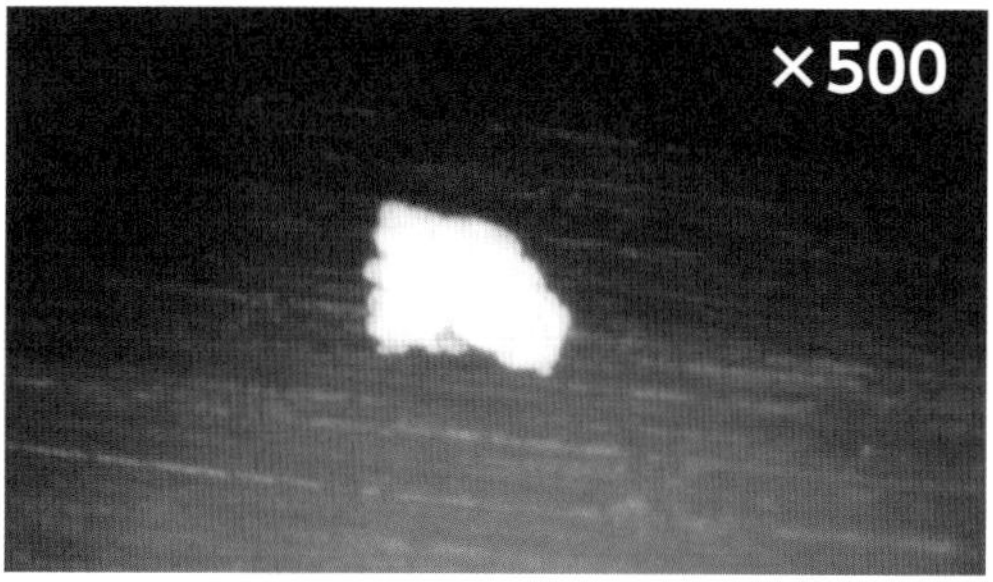
×500

塩化ビニール製部品の欠片を500倍に拡大したもの。特にプラスチック製品は欠けやすいので、取り扱いには要注意です。

ゴミ・異物を防ぐ防塵衣の話

次に、作業者からの発塵を防いでくれる防塵衣について、より詳細にお伝えしましょう。

防塵衣は、異物不良を無くす対策を講じる上で大きな比重を占める、非常に重要なアイテムといえます。防塵衣メーカーでは何種類かの生地を使用し、適切な縫製や端面処理を行い、使用環境に応じた防塵衣を提供しています。しかし、せっかく防塵衣を用意しても、生地の種類や使用環境に応じた仕様の選択を誤ると、効果的な防塵対策にはならないので注意が必要です。

作業者の手や手首は、製品に限りなく近くまで接近します。ですから、防塵衣の袖口から繊維屑などの異物が発生し、飛散してしまうと、ゴミ・異物不良を引き起こす要因になります。この袖口からの汚染は、動作によるポンピング作用で汚染物の発生が加速度的に増加するため、適切な仕様の防塵衣を選択することが重要です。選択を誤ると、不良発生につながる可能性が高いのです。

防塵衣は端面処理も重要！

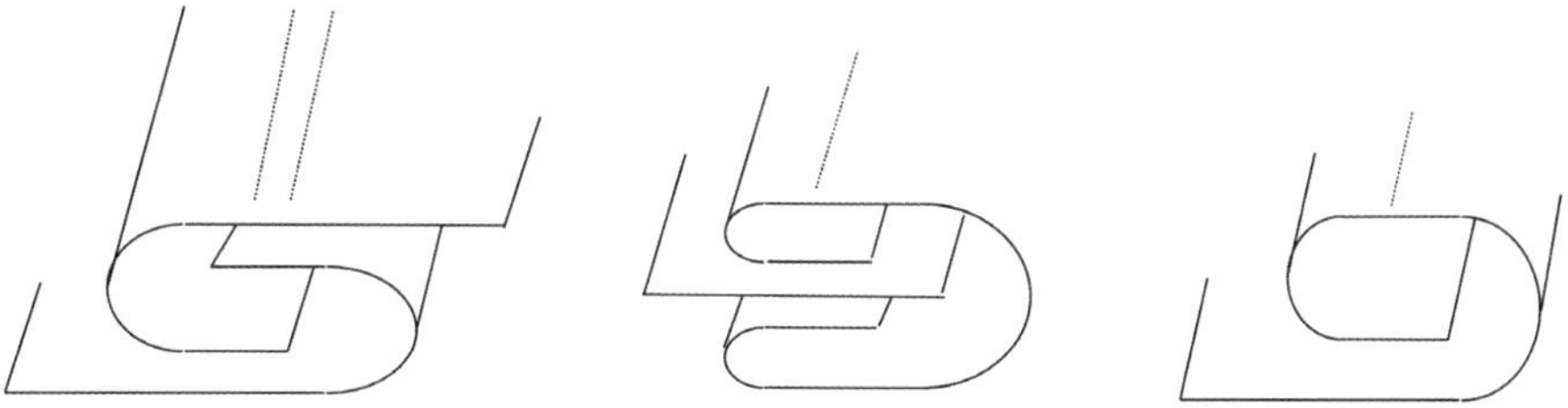

巻き縫い（縫い合わせ）　パイピング（端面処理）　三つ折り（ゴム通し）

※防塵的にはパイピング縫製が優位です

防塵衣は、正しく着てこそ本来の性能を発揮してくれます。普段の洋服よりも通気性が悪いので、例えば袖口などから、内側にあったゴミや異物が逆に吹き出してきてしまうこともあるため、気をつけましょう！

防塵衣だって劣化する

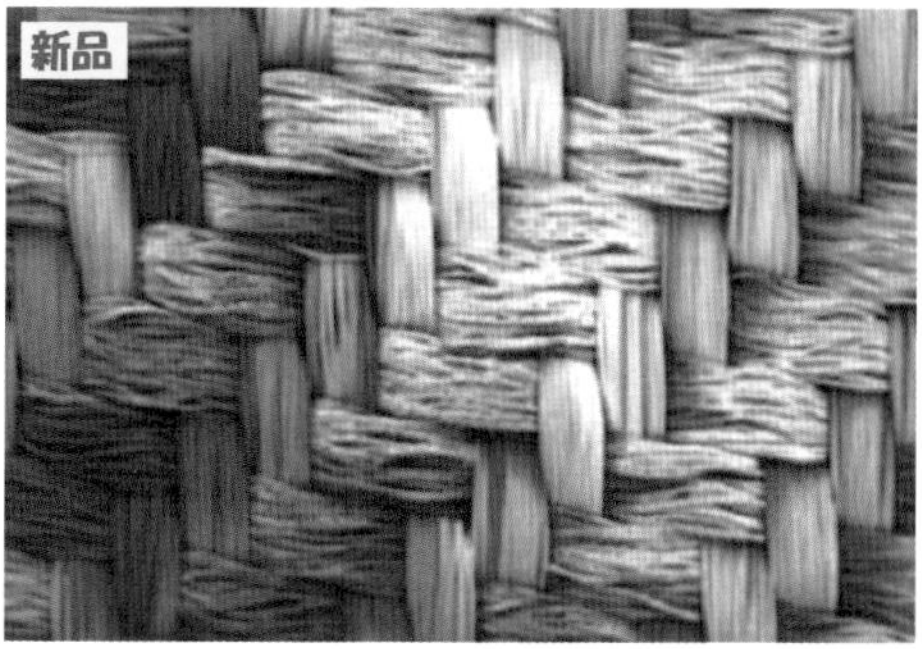
新品

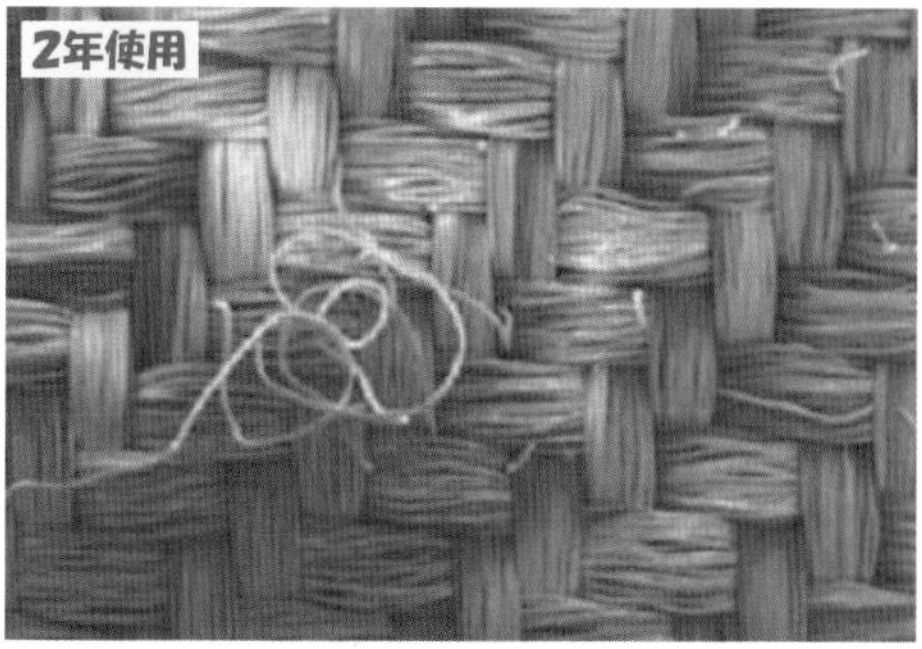
2年使用

防塵衣の強力な仲間たち

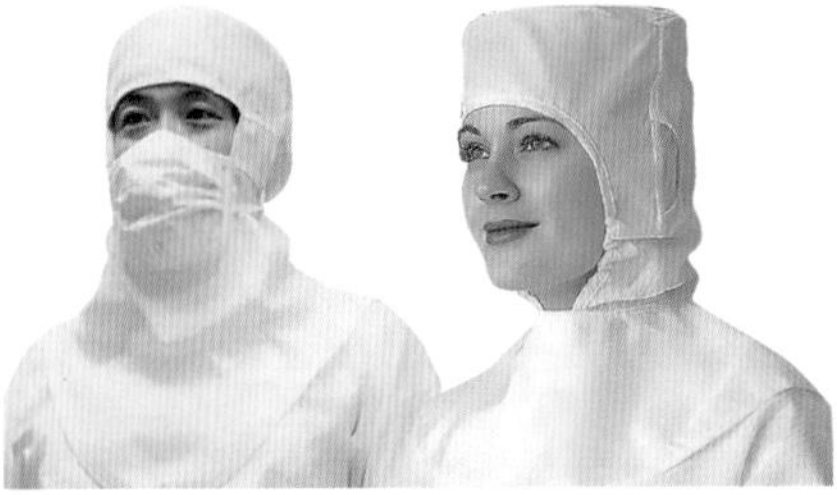

「帽子・フード」マスク一体型は、首や襟周りからの異物放出防止に効果を発揮してくれます。

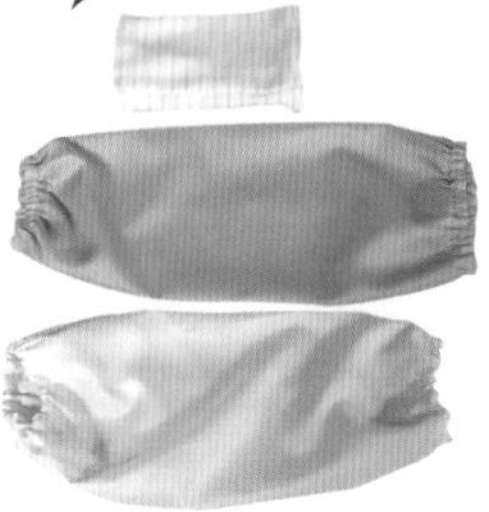

「クリーン手甲・腕カバー」袖口の開放部からの異物放出を防止してくれる重要なアイテム。

懸念される作業工程としては、薬剤の小分け充填や、組立作業などの手組み工程など。袖口が開放状態になることを防止するためには、クリーン手甲や腕カバーで、開放部から放出される発塵を抑え込む対策を講じることが必要です。

では、具体的に防塵衣を見ていきましょう。まず、選択する上で大切な要素としては、捕集性能と快適性が挙げられます。しかし、この2つの特性は相反するともいえますので、それらのバランスを考えて選択する必要があります。

捕集性能とは、着用状態の防塵衣から異物を放出させない性能のことです。高ければ高いほど通気性が低くなるため、いわゆる蒸れる状態になり、快適性は低下してしまいます。ですから、自工程の製品が求める清浄度合いや製品不良になる可能性がある粒径から割り出した、適切な仕様の防塵衣を選択することが重要です。また、生地だけでなく縫製にも何種類かありますので、適切な種類の縫製加工が施されている仕様を選択すべきでしょう。

一方で防塵衣は、その着用方法の正確性も極めて重要です。それを誤るとほとんど機能しないばかりか、逆に異物を放出してしまうことさえあります。普段着ている衣服より遥かに通気性が低いため、防塵衣内の空気が体の動きなどに合わせて押されて出てくるポンピング現象が発生しやすく、その空気とともに着衣内部より異物が放出されてしまうことになります。つまり、防塵衣を着ている自分自身が汚染源になってしまうわけです。

クリーンルーム内のゴミ・異物の割合を分析してみると、フケや垢、角質な

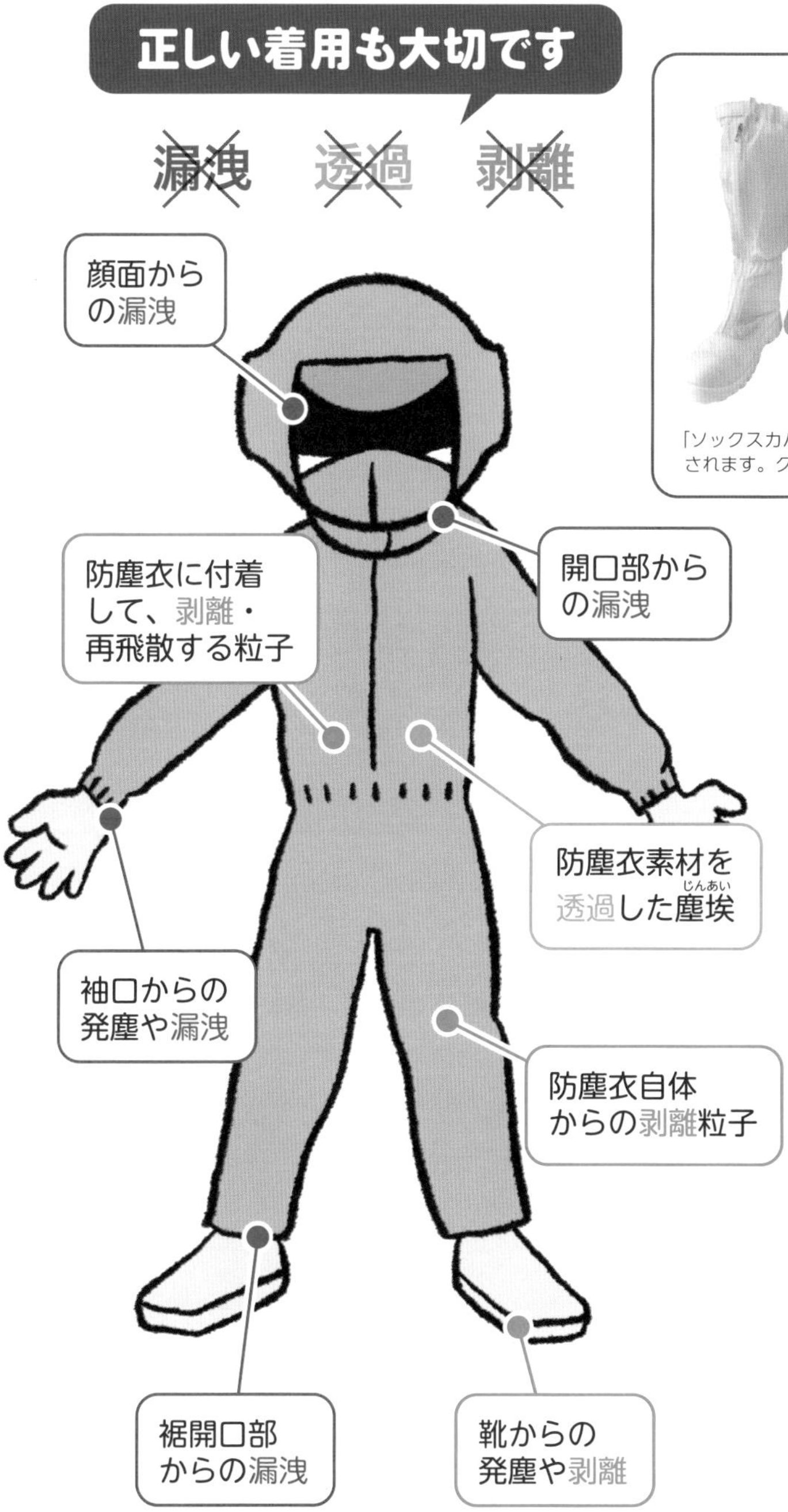
正しい着用も大切です
漏洩　透過　剥離
顔面からの漏洩
開口部からの漏洩
防塵衣に付着して、剥離・再飛散する粒子
防塵衣素材を透過した塵埃《じんあい》
袖口からの発塵や漏洩
防塵衣自体からの剥離粒子
裾開口部からの漏洩
靴からの発塵や剥離

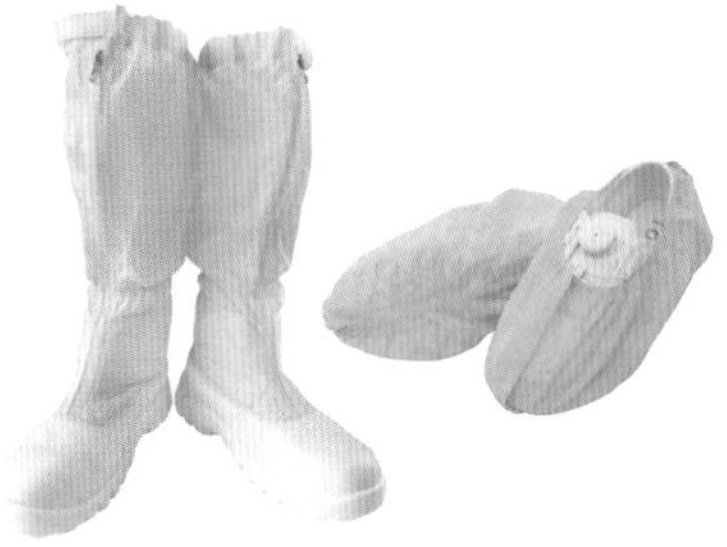

「ソックスカバー」来客時や部外者の来訪時に使用されます。クリーンブーツはカバー一体型が基本。

ど人由来のものが46%、防塵衣の破断繊維やインナー（下着類）などから出た繊維系異物が8%というデータがあります。これらを合わせると発塵源のなんと54%が、人に関わるものということが分かります。

防塵衣の機能を効果的に発揮させるには、生地やデザイン、縫製などだけでなく、作業者の着用方法も極めて重要になることを覚えておいてください。

2 異物不良発生のメカニズム

ゴミ・異物の大きさや様態で異なります

異物不良は、異物の発生源から伝播し、製品へ付着もしくは固着して内部に入り込み発生します。

- **気流に運ばれ、静電気で付着する。**
- **繊維系異物や金属系異物など、大きさや重さにより挙動が変化する。**

ここからは、異物不良発生のメカニズムを考えてみましょう。異物不良は、発生源から異物が分離して起こります。そして、気流や静電気帯電などを経て製品に付着または固着し、内部に入り込み、製品を不良化させます。ほとんどの場合は、気流や静電気帯電によって伝播しますが、実は異物の大きさや物質様態によって、伝播経路における挙動はすべて異なることを知っておかなければなりません。

異物は、有機物系異物、無機物系異物、土類系異物、繊維系異物に大きく分類できます。代表的なものとしては、前述のような、作業者から発生する繊維系異物があります。なお、繊維系異物については、JIS Z8122 コンタミネーションコントロール用語では『繊維状粒子：長い方の寸法が、幅の10倍以上である粒子』と定義付けられています。

現場では、綿系異物が短繊維異物となって影響を及ぼしている可能性が非常に高くなっています。そして、そんな繊維状異物は鳥の羽のように軽く、空間浮遊する時間が長いので、発生源から遠い場所まで広く拡散する特徴を持っています。

繊維系異物の次に多いのが土類や金属小片などです。土類は作業者の衣服や靴に付着して二次更衣室まで侵入し、その中の何%かが作業環境であるクリーンルームの中

異物とは？　有機物・無機物・土類・繊維 など

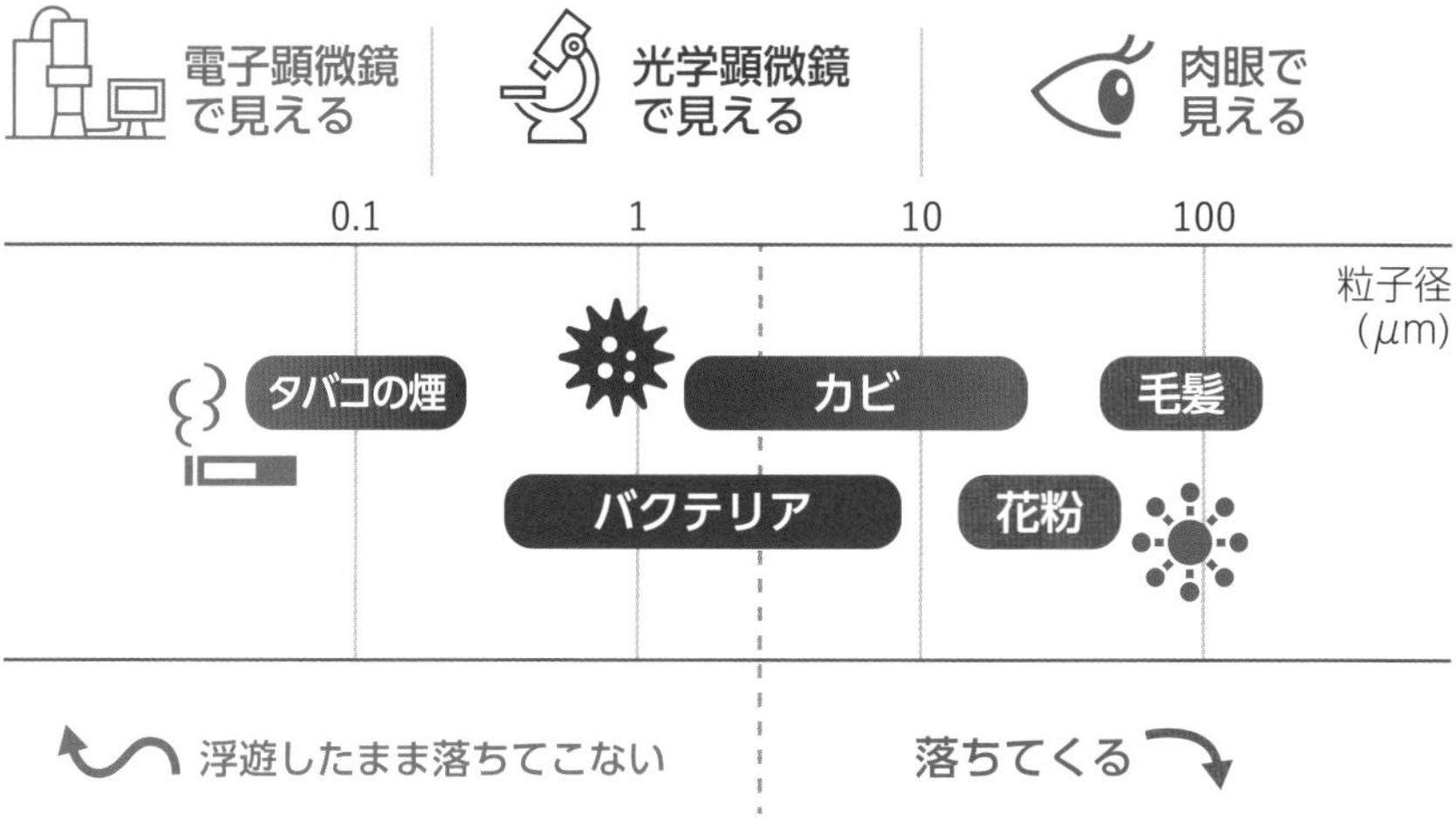
電子顕微鏡で見える
光学顕微鏡で見える
肉眼で見える
0.1
1
10
100
粒子径（μm）
タバコの煙
カビ
毛髪
バクテリア
花粉
浮遊したまま落ちてこない
落ちてくる

異物の大きさによって挙動が異なることを認識しよう。また、静電気が存在すると、静電気による影響（ESA）が最も大きくなるため、ゴミ・異物対策を行う際は、静電気にも必ず目を向け、さらには空気の流れ（気流）も注視して対策をしよう。

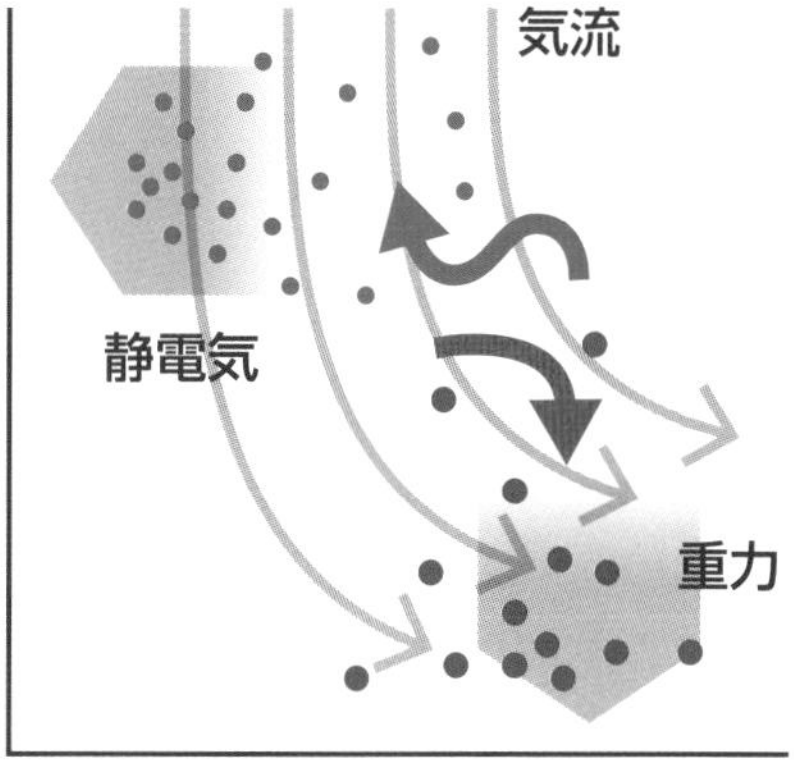
気流
静電気
重力

物質による挙動の違い

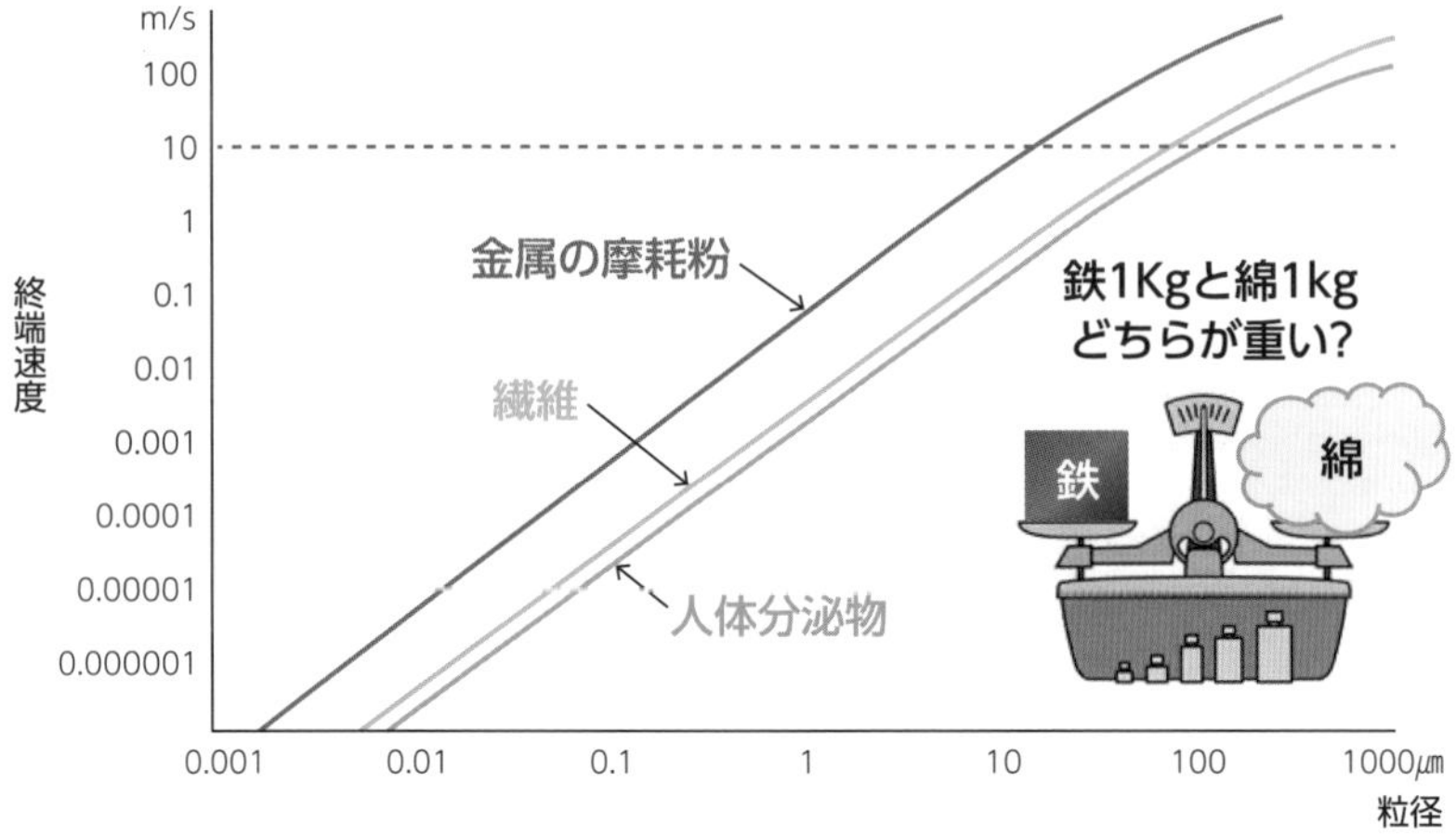
m/s
100
10
1
0.1
0.01
0.001
0.0001
0.00001
0.000001
終端速度
金属の摩耗粉
繊維
人体分泌物
鉄1Kgと綿1kg
どちらが重い?
鉄
綿
0.001
0.01
0.1
1
10
100
1000㎛
粒径

サイズだけではなく、様態が分かると対策の取り方が変わってきます。

金属粉のように重い粒子は、10μmレベルでも、自然落下してしまいます。
繊維/人体分泌物は、比重が小さいため、落下速度が遅く、移動/拡散範囲は広くなります。
生産環境におけるゴミ・異物の挙動は、その物質の形状/比重によって異なることを認識しましょう。

にまで侵入してしまいます。金属小片は、いろいろな生産装置の駆動系から発生することが多い異物です。比重は7～8程度と重く、作業用履物の靴底に付着して拡散してしまうこともよくあります。

有機物系異物や繊維系異物は静電気帯電の影響を受けやすく、帯電により付着度が高くなります。また、静電気力・クーロン力は微小異物ほど影響を大きく受けます。一方で、大きく重い異物は重力の影響が大きいため、堆積することになります。

空気中のゴミ・異物の挙動を考えてみましょう。空間浮遊する時間が長ければ長いほど、遠くまで広く拡散してしまうことは、先にも記述しました。ある資料では、2mの高さから床に落下するまでの時間は、100㎛（マイクロメートル）径の異物では8秒なのだそうです。また、1／10サイズの10㎛径では11分と一気に長くなり、さらに小さな4㎛径だと、なんと1時間7分も掛かるそうです。すなわち小さな粒子、小さくて軽い異物は、なかなか落下せずに広く拡散し、環境を汚染してしまうのだということを、しっかりと頭に入れておきましょう。

粒子の大きさと落下速度・落下時間

高さ2mから床面に落下するまでの時間は？

直径	0.1mm（100μm）	1/10 ▶▶▶	10μm	更に小さい ▶▶▶	4μm
終端速度	25cm/秒		3mm/秒		0.5mm/秒
滞留時間	8秒		11分		1時間7分

出典：労働者健康安全機構労働安全衛生総合研究所　作業グループ　山田丸氏

ゴミ・異物が空気中にある程度の時間浮遊できる大きさは概ね100μm程度で、これ以上の異物は自由落下してしまう。

コレ、知ってた？ 空中に舞い上がったゴミ・異物が落ちてくるまでの時間がこんなに違うなんてビックリだよね。こんなに長い時間が掛かっていたら、おいらはゴミが宙を舞っていることすら忘れちゃうよ。工程内のゴミ・異物の性質を知り、空気の流れを注視して、空間に滞留するそれらに少しでも早く気づくのが重要だということが分かったかな？

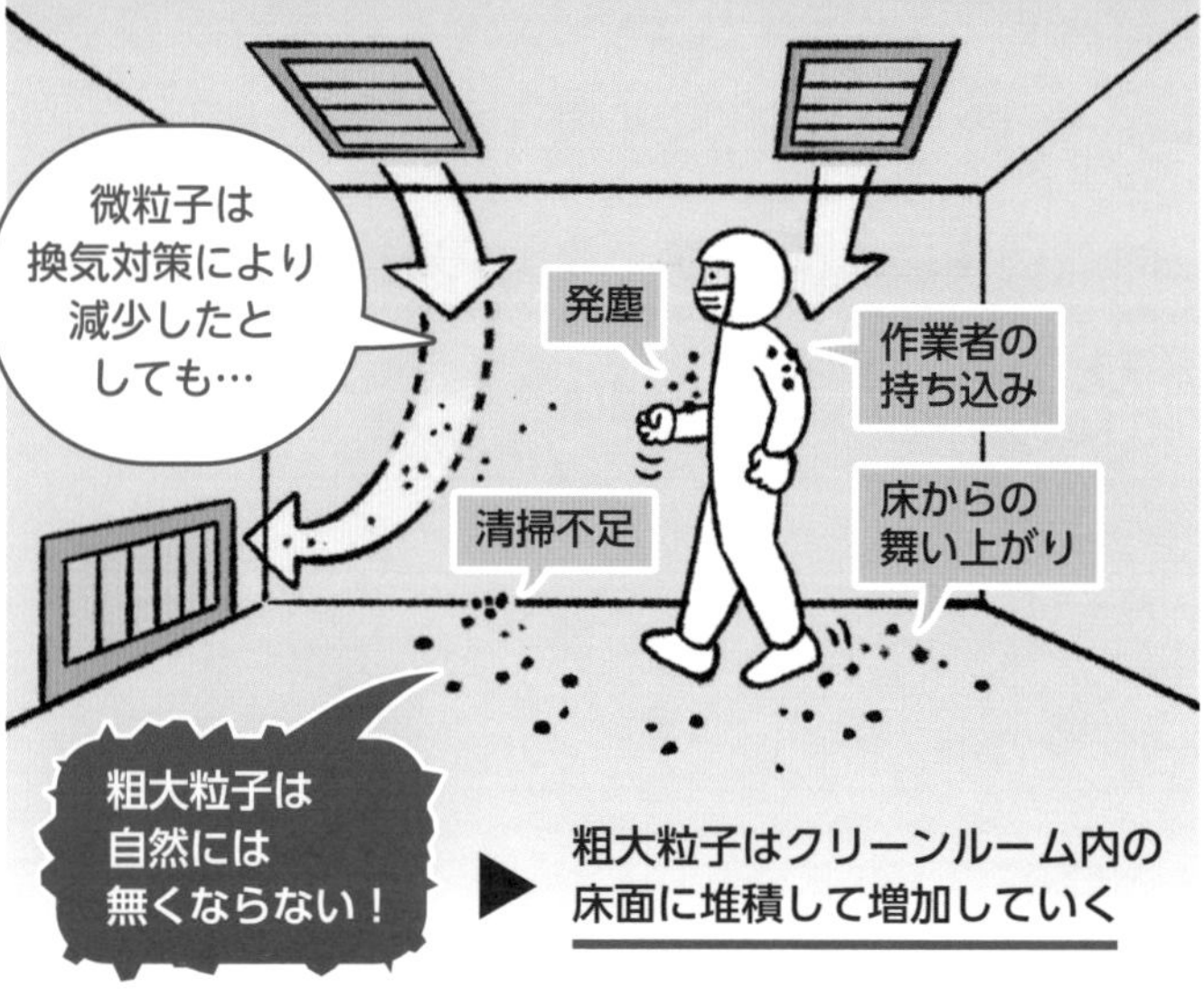
微粒子は
換気対策により
減少したと
しても…
発塵
作業者の
持ち込み
清掃不足
床からの
舞い上がり
粗大粒子は
自然には
無くならない！
粗大粒子はクリーンルーム内の
床面に堆積して増加していく

ゴミ・異物の難物〈粗大粒子〉とは？

最近、「クリーンルーム環境できちんと製造していても、異物不良が発生してしまう」「作業環境のクリーン度は規格内にあり、問題はないのに異物不良が多発して困っている」と、よく耳にします。

これらの要因としては、自工程での不良につながる粒子径や汚染源の様態を掴んでいないこと、パーティクルカウンター（微粒子計測器）に頼った微粒子管理を優先していることが考えられます。

大気中には、機械的生成によって5㎛をピークに、土壌粒子など様々な製品不良につながる粗大粒子領域（10～100㎛）の異物が存在していることは、先に述べました。しかし、そんな環境でも清浄と判断されることがあります。実はものづくり環境において、清浄度が高いことと異物不良が少ないことには相関性がないんです！

例えば、多くの現場で使用されている非一方向流方式（乱流式）クリーンルームでは、供給された清浄空気によって希釈～拡散の清浄化メカニズムが働くことで清浄度を高め、維持管理しています。しかしこの時、リターンダクトに吸い込まれ、フィルトレーション除去される異物粒子径は、5㎛以下の微粒子領域がほとんど。それ以上の粗大粒子は、概ね2分程度で床

粗大粒子領域に注目した工程管理を進めましょう

多くの業界で、0.5㎛付近の浮遊微粒子は全く製品の歩留まりに影響しません。実際に不良原因となっている粒子は、10〜100㎛以上という場合がほとんどです。

各業界における不良原因となるゴミ・異物のサイズ

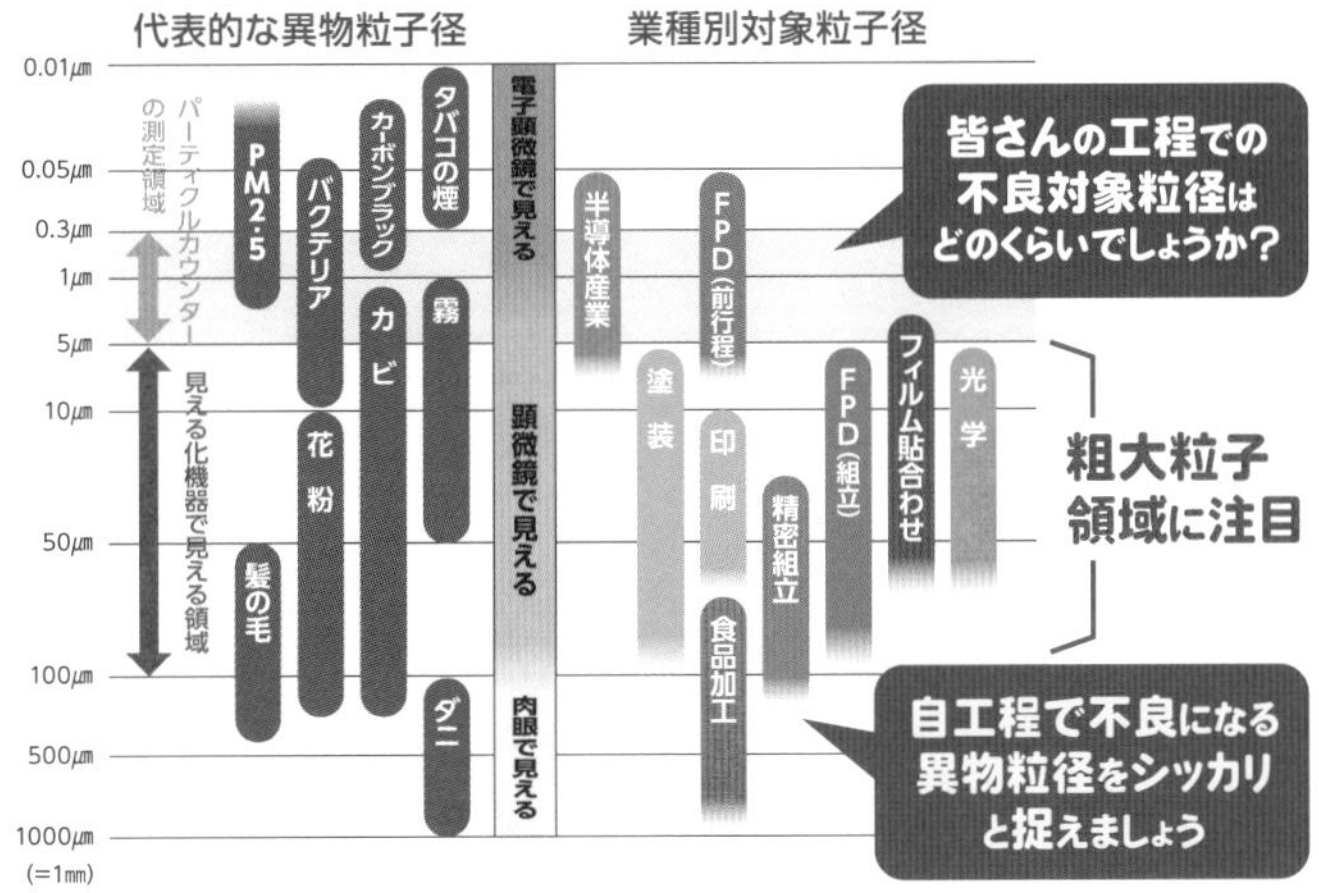
代表的な異物粒子径
業種別対象粒子径
0.01㎛
0.05㎛
0.3㎛
1㎛
5㎛
10㎛
50㎛
100㎛
500㎛
1000㎛
(=1㎜)
パーティクルカウンターの測定領域
見える化機器で見える領域
PM2.5
バクテリア
カーボンブラック
タバコの煙
花粉
カビ
霧
髪の毛
ダニ
電子顕微鏡で見える
顕微鏡で見える
肉眼で見える
半導体産業
塗装
FPD(前行程)
印刷
食品加工
精密組立
FPD(組立)
フィルム貼合わせ
光学
皆さんの工程での不良対象粒径はどのくらいでしょうか？
粗大粒子領域に注目
自工程で不良になる異物粒径をシッカリと捉えましょう

面に落下し、堆積してしまいますから、リターンダクトから清浄化ラインに入ることは稀と言わざるを得ません。すなわち、床面に落下して堆積した粗大粒子領域の異物が、自然にクリーンルーム環境から排除されることはまずありません。

そして、そんな粗大粒子が堆積していても、パーティクルカウンターで所定の高さ（約1・1m）のクリーン度を計測した場合、浮遊塵が少なければ、数値的には清浄度レベルが高いという結果が得られてしまいます。

そして歩行などによって、その粗大粒子は70〜100㎝程度まで舞い上がり、拡散・再飛散してしまうことになります。

これは、ちょうど加工点である作業台の高さに相当します。つまり、粗大粒子が製品に異物として付着し、不良につながることになる訳です。これらのことから、生産環境であるクリーンルームの管理には、微粒子だけでなく、粗大粒子にも目を向けた汚染防止管理が重要であり、絶対に必要だということが、お分かりいただけると思います。

パーティクルカウンターで計測する高さは、一般的な作業台の高さである70cm〜1.1m程度と言われています。ですが、重たい粗大粒子や浮遊領域のゴミは、その計測位置では発見できないことがあるので、気をつけましょう！

ゴミ・異物対策の基本四原則

クリーン化の四原則

1. 持ち込まない
2. 発生させない
3. 付着 / 堆積させない
4. 除去 / 排除する

では、粗大粒子による異物不良を無くすにはどうすればよいのでしょうか?

ここで提示したいのが、クリーン化の四原則です。それは、①持ち込まない、②発生させない、③付着／堆積させない、そして④除去／排除する。実に当たり前のことを言っているように思われるかもしれませんが、この4つの原則を、大前提として常に考えていただきたいと思います。そして、それに則り管理を確立すること。まずは、床面に堆積している粗大粒子領域の異物を速やかに、清掃で除去／排除することが重要です。

ものづくりの過程での組み付けやカシメ、締め付け等の作業によって発生するゴミ・異物には、圧倒的に粗大粒子領域が多いことが分かっています。そんな加工工程における対策としては、カシメトルクを標準化すること、ドライバー先端の材料変更や形状変更をすることなどが考えられ、対処は十分に可能です。

クリーン化の四原則 ＋1 の考え方

四原則を知っているだけではダメ!
監視・観察を継続して初めて好結果につながる

＼これが＋1の考え!／

ゴミ・異物不良 “0”達成の クリーン化四原則 ＋1

監視・管理し継続する
- 気流や落下塵、浮遊塵埃などの定期的なモニタリングの実施
- 生産障害と歩留りとの相関を把握

持ち込まない
- 加工点清浄の確実化
- 構成部品評価/選別/除塵

発生させない
- 製造装置からの漏洩対策
- 組立作業時の発塵抑制

付着/堆積させない
- 清浄気流の制御
- 製品表面への付着抑制
- 静電気対策/局所クリーン化
- 加工点:保管:搬送⇒重要

除去/排除する
- 清掃の徹底
- 局所排気の適正化
- 気流制御

その後の日常管理としては、見える化ライト＝クリーンチェックライトの活用で肉眼による異物認識をすることが大変重要な取り組みとなりますが、それについては後ほど。まず覚えておいてほしいのは、四原則にプラス1＝監視／観察すること。そしてその管理を継続するということです。そうすることで初めて、本当の意味でゴミ・異物対策が好結果につながっていくということを心に刻んでください。そしてもうひとつ、ここでお伝えしておきたいのは、「異物が見えることは作業者の感性を向上させ、具体的な取り組みのトリガーとなり得る」ほど重要だということです。

微粒子だけではなく、5～100㎛サイズの粗大粒子にもしっかりと着目し、ゴミ・異物の見える化手法や数値管理方法を習得して、現場の環境管理につなげていきましょう！

「測ると数値は規格内なのに、なぜか異物不良が発生する」という話をよく聞きますが、パーティクルカウンターによる微粒子管理がすべてではありません。すぐ床へ落ちてしまう粗大粒子にも注意しましょう！

ゴミ・異物不良の事例集①

〈塗装工程での付着にはくれぐれも要注意！商品価値を著しく低下させてしまいます〉

塗装工程においてゴミ・異物の影響は、塗装後に付いてしまうだけでなく、それがたとえ塗装面の下にあっても外観、見栄えを著しく悪化させてしまうという形で現れます。

見掛けの悪いものは、たとえ製品自体に性能低下が無かったとしても商品価値が低くなってしまいますよね。もし、自分が購入した車の塗装面に〝ブツ〟があったら、どうでしょうか？　納車を楽しみにしていた新しい愛車に対する期待＝商品価値は著しく低くなってしまうでしょうし、きっと「交換して！」と言いたくなりますよね。

だから、塗装工程でのゴミ・異物不良は厳禁!!　異物が付着した状態で塗装するとブツ特性になってしまいますから、塗装前の除塵が重要な工程となります。

もちろん、塗装後の管理も重要。乾燥中の塗装面は半乾き状態でベタベタしているので、異物が周辺から舞ってきて付着してしまうと付着ゴミ不良となってしまいます。

一般的な塗装工程では、外観不良につながってしまうゴミ・異物の大きさは概ね、肉眼で確認できる5㎛～10㎛以上。しかしそれが塗装面の下にあった場合、元の大きさの3～5倍程度にまで広がって見えてしまうことがあります。

これは当然のことですが、ゴミ・異物は塗装面の下にあっても、上にあっても良品にはなりません。だから塗装工程で清浄状態を保つことは、極めて重要となる訳です。

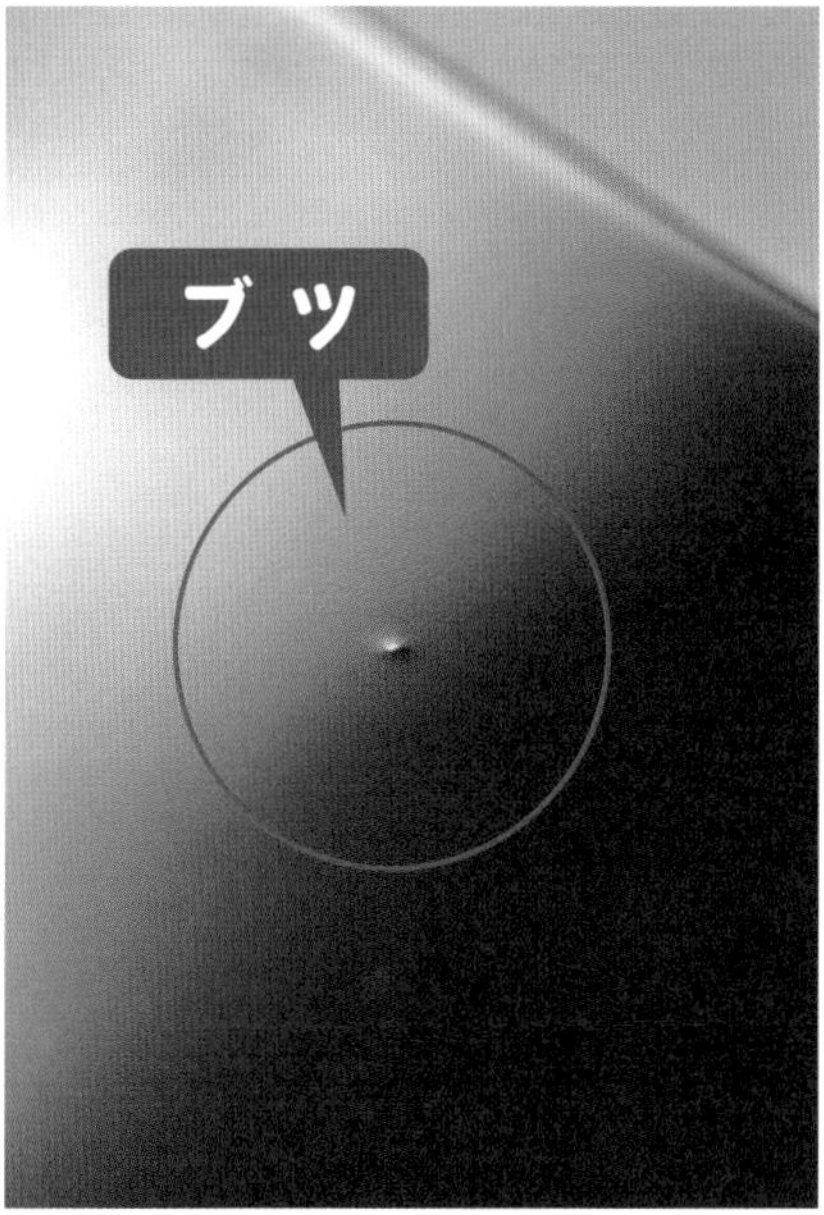

塗装前の除塵が不十分だったため、ゴミ・異物が付着。そのまま塗装してしまったためにブツが塗装下に現れ、盛り上がってしまった例。

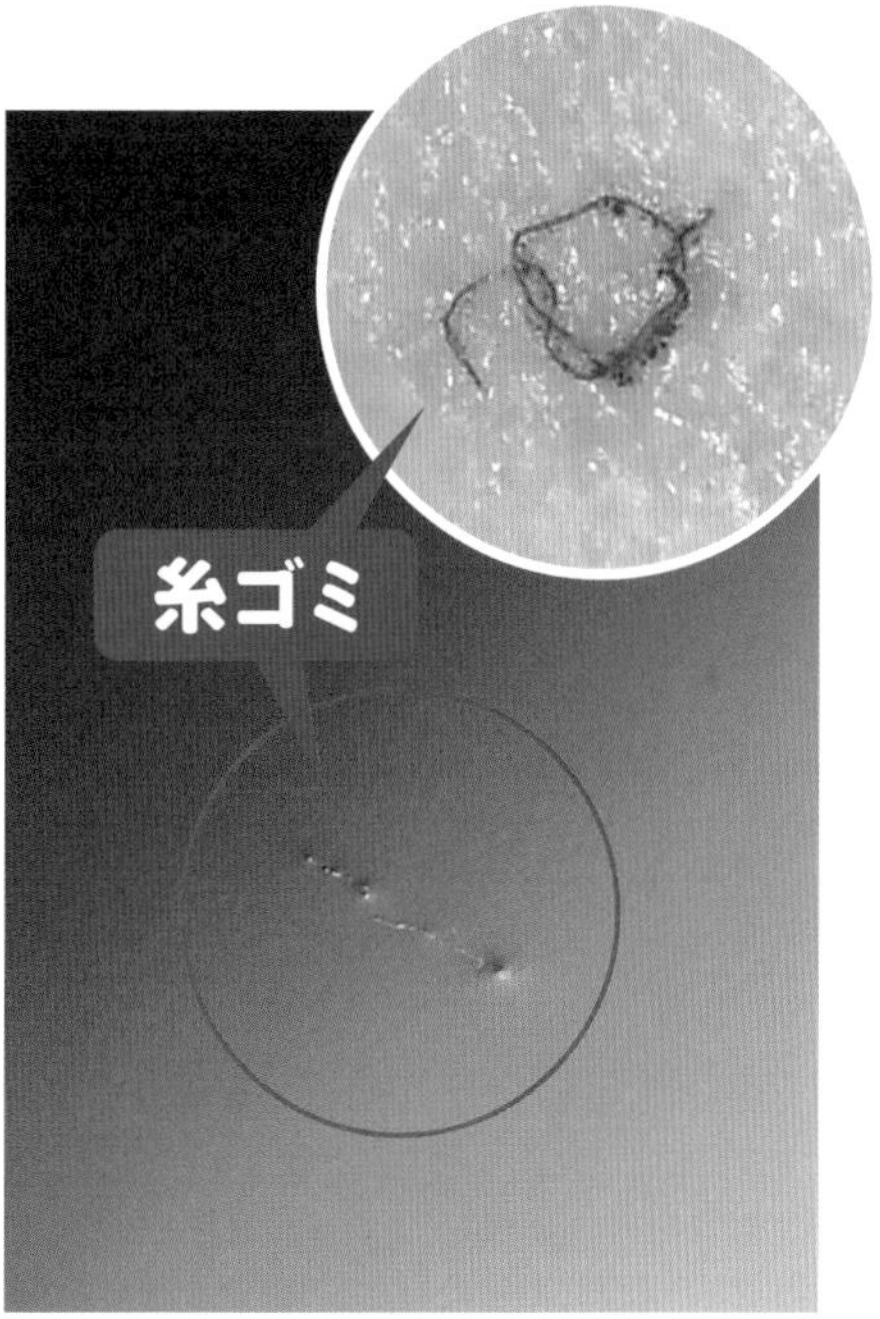

塗装面下にクッキリと見える糸屑の例。
サイズは約 50 ㎛で、塗装がここから剝がれてしまうこともあるんです。

シーファーは肺活量に自信があるけど、さすがに塗装下のゴミは吹き飛ばせないのだ。それはどんなに強力なブロワーでも同じこと。つまり、塗装下のゴミ・異物＝修正不能な不良品だから、塗装前の付着は絶対に避けるのだ！

ゴミ・異物不良の事例集②
〈ゴミ・異物は、インクジェットプリンターの大敵なんです〉

異物が詰まってしまった印字不良写真の例。インクが乗らない部分が帯状に現れることが多い。

インクジェットプリンターとは、微細な粒子構造を持つ液体状のインクを用紙に吹き付けて印刷する仕組みを採用したプリンターのこと。その細かいインクの粒子を制御して吐出するのが、プリントヘッドと呼ばれる部分です。実はインクジェットプリンターの異物不良は、ほぼこのプリントヘッドで起こります。

インクを吐出するプリントヘッドの穴径はだいたい10〜25㎛程度。もちろんメーカーや機種によって異なります。この穴が細かければ細かいほど、また穴の数が多ければ多いほど、きれいな印刷が可能となる訳ですが、インクの吐出口に異物が詰まってしまうと、吐出不良によって印字不良になってしまいます。つまり、プリントヘッドの穴が細かく、多くなってしまうと、その起こる可能性は必然的に高くなってしまうんですね。

ヘッドの穴には加工工程で、塵など粗大粒子だけでなく切り粉や切り屑が詰まるという異物不良が発生することもありますので、生産する上では細心の注意が必要です。製品不良ではありませんが、実際に使用しはじめて、その環境や使い方などによって穴の中に異物が詰まってしまうこともあります。

インクジェットプリンターのプリントヘッドはこういう形をしています。プリントヘッドのノズルに、切り粉や切り屑が詰まるという不良が出てしまうことがあるので、要注意！

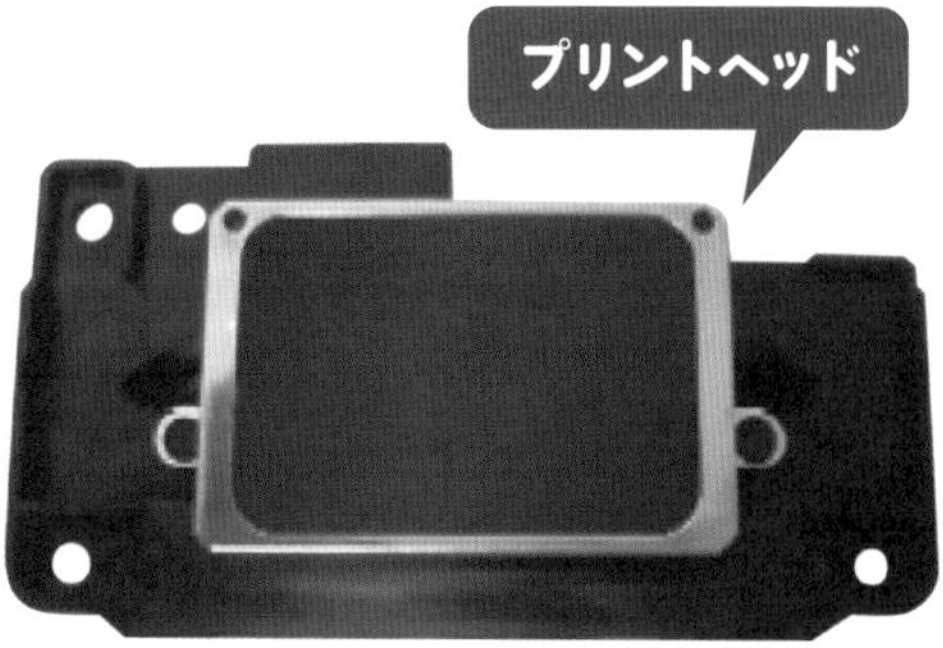
プリントヘッド

異物の大きさ
10~25μm提度
25μmΦ

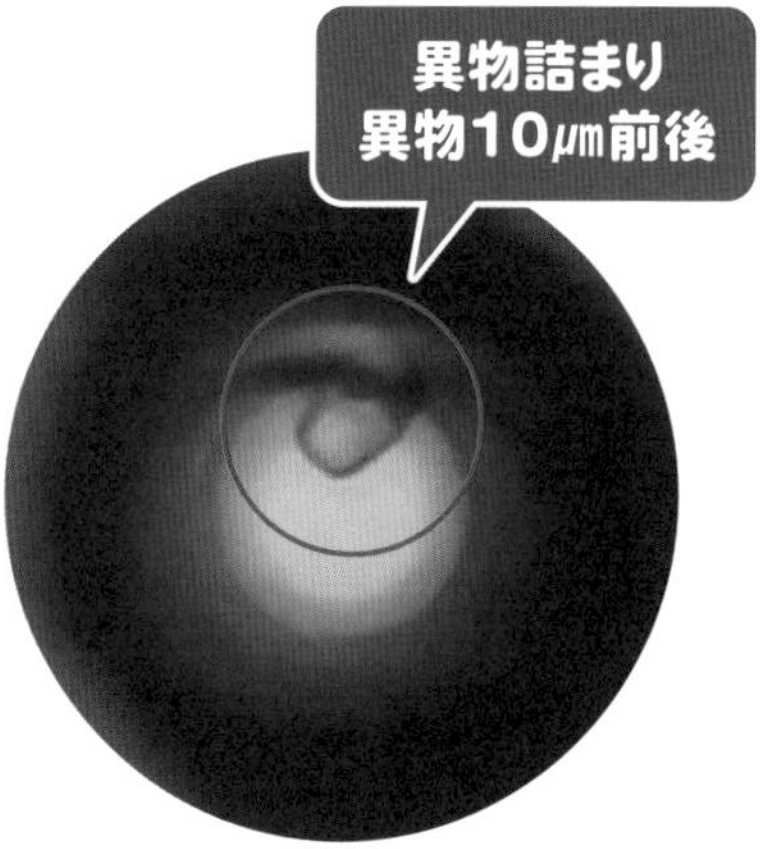
異物詰まり
異物10μm前後

異物の大きさは10～25μm程度。インクを吐出する穴の径は非常に小さいので、使用開始後に異物詰まりが発生することも少なくありません。

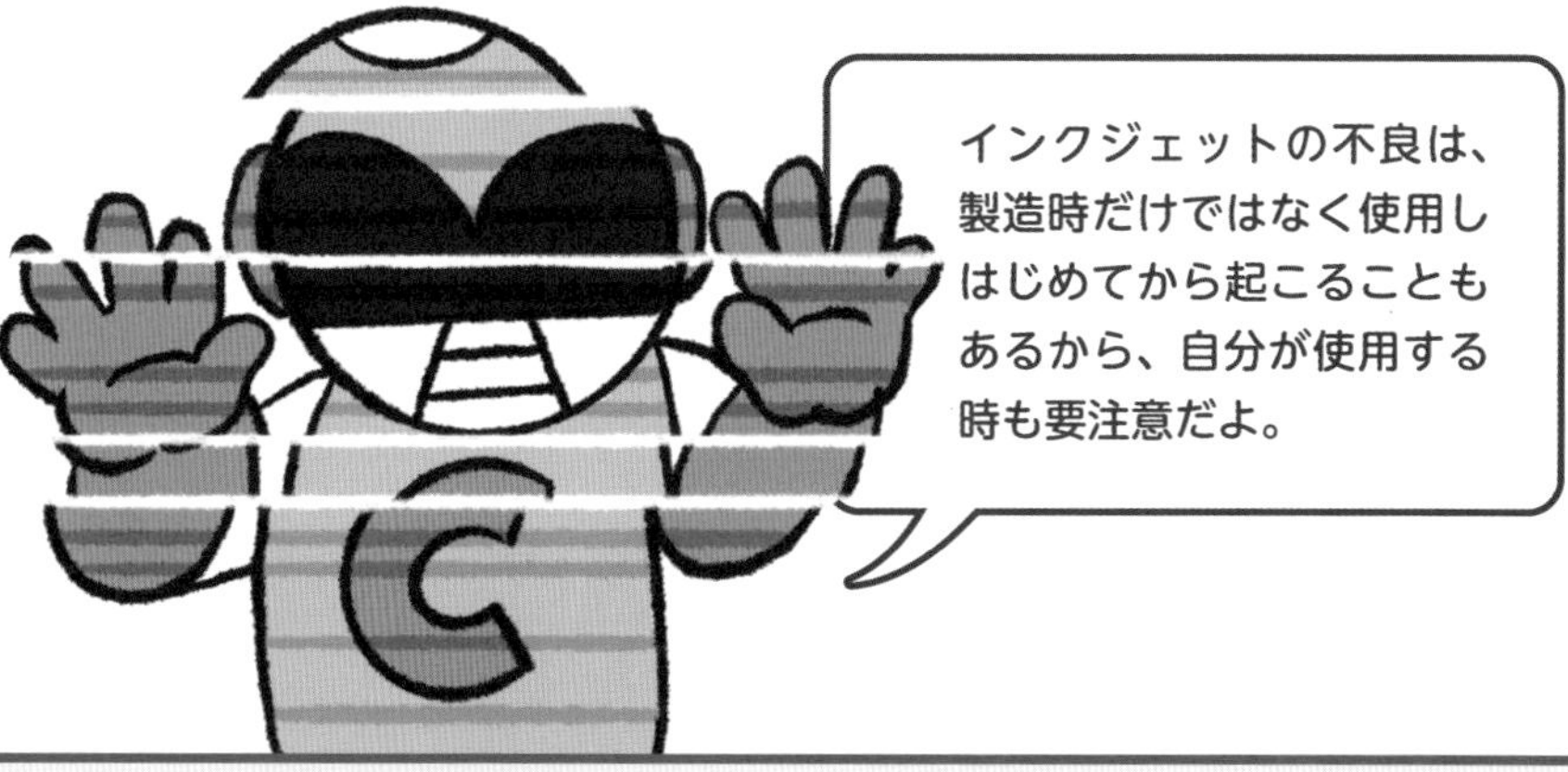
インクジェットの不良は、製造時だけではなく使用しはじめてから起こることもあるから、自分が使用する時も要注意だよ。

ゴミ・異物不良の事例集③
〈大画面に映り込んだら興ざめしますよね？〉

プロジェクター組立工程で付着したゴミ・異物不良事例

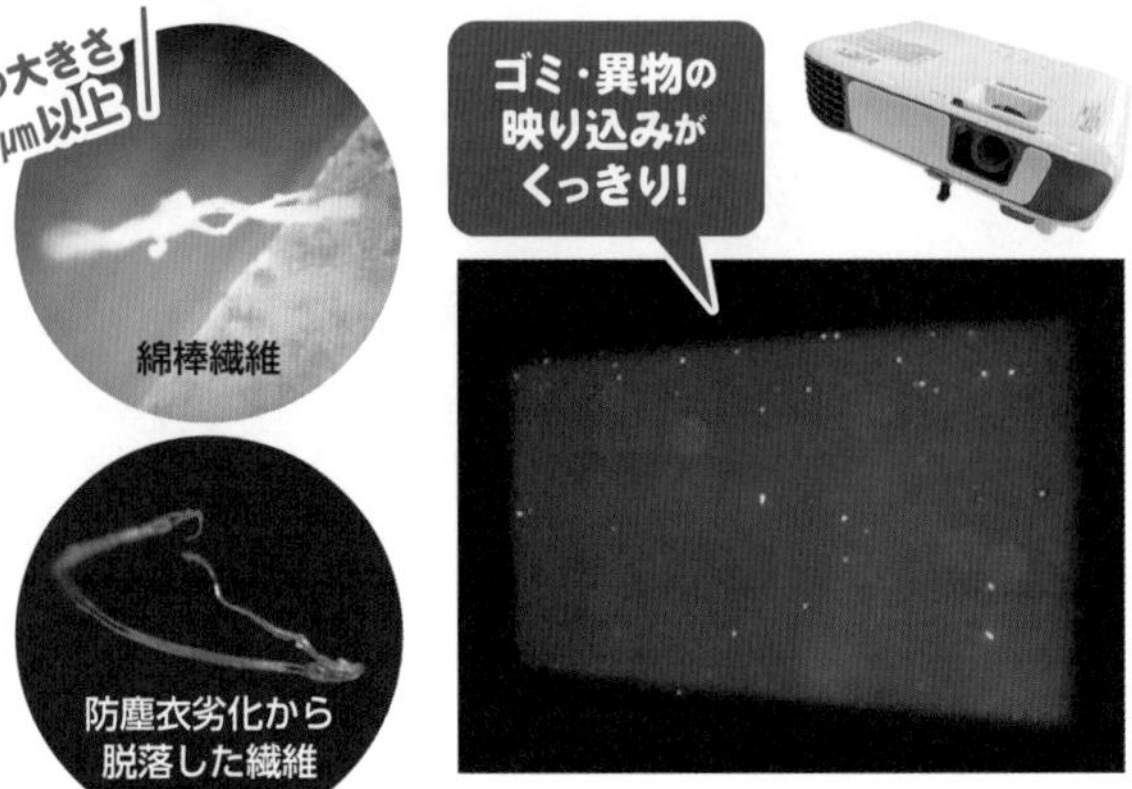
異物の大きさ
60μm以上
綿棒繊維
防塵衣劣化から
脱落した繊維
ゴミ・異物の
映り込みが
くっきり！

プロジェクター組立工程で付着した綿棒の繊維と劣化から脱落した防塵衣の繊維。大きさはいずれも60μm以上ありました。

映像が出ている時には見えづらいが・・・

映像を大画面に映し出すことができるプロジェクターは、大きく分けて2種類。会議室などで使用するビジネス用のデータプロジェクターと、映画鑑賞等で高画質を求めるシアター用のプロジェクターがあります。

ご家庭にシアタールームを持っている方もいらっしゃると思いますが、大好きな映画を観るために大画面プロジェクターを導入し、初めて点けた時にゴミ・異物が映りこんでいたら……想像するだけで興ざめですよね。

これは、複雑な回路を経由して映し出される光学系にゴミ・異物が紛れ込むことが原因。それ自体が映り込み不良を引き起こすことになってしまいます。

技術も相当進歩していて、光学設計上ゴミ・異物に焦点が当たらないようにするなどによって見えにくくしてはいますが、やはりゴミ・異物は無いに越したことはありません。

しかし中には、製造後に実際に映してみないと分からないことも。また、少し映すだけでは発見できないこともあります。お客様のお手元に届いてから発覚するようなことにならないよう、製造現場からゴミ・異物の排除に全力を尽くしたいものです。

ゴミ・異物不良の事例集④
〈インクカートリッジにもゴミ・異物不良は潜む〉

事例集②でご紹介したインクジェットプリンターですが、そこで使用されるインクカートリッジもまた、異物不良に注意が必要です。

インクは通常、専用のインクカートリッジに納められて販売されていますが、製造時にインクの供給孔に異物が付着してしまい、それに気づかずにパッキングした結果、異物によってシールが不完全となり、パッキングされた状態のカートリッジからインクがにじみ出てしまうという製品不良の発生事案がありました。

大量消費を前提に大量生産されるカートリッジですが、「エッ！　こんなモノが!!」というような異物が付着し、予想できない不良につながることもあるんです。プリンターが完ぺきでも、カートリッジに問題があったらどうしようもありません。プリンター本体だけでなく、カートリッジのゴミ・異物対策も万全に！

インクカートリッジ供給孔の異物不良事例

異物の大きさ
80~100㎛
以上
こんな異物が
大きなトラブルを
引き起こす!

搬送中のインクにじみ など

梱包袋の中で、インクがにじみ出てきてしまう

インクカートリッジの振動溶着工程で供給孔に付着した異物。写真の異物のサイズは80～100㎛以上もありました。

インクジェットプリンターにインクカートリッジは必要不可欠です。カートリッジを含めてプリンターだということを肝に銘じましょう！

「1」「2」まとめ

作業者が感性を高めれば、異物不良対策の方向性は必ず見える！

　ここまでの話で、漠然とは分かっていた、生産活動を続けていると現場の至るところにゴミ・異物が堆積するということが、改めて明確になったのではないでしょうか。それらのゴミ・異物が製品の不良要因になるのですが、その異物の存在に気づかなければ、当然対応は進まず、問題が解決できないということになります。

　これは当たり前のことですが、異物の存在をいち早く認識するには、作業者としての感性を磨く必要があります。現場で「異物の存在を知らない（＝見ていない）」、「異物の存在を知っているが、品質には影響がないと決めつけてしまっている（＝正しく認識していない）」、「現場の中が異物だらけなのに清掃をおざなりにしている（＝除去／排除行動をしていない）」など、ゴミ・異物不良発生の原因はたくさんあります。とにかく、異物を放置しているということは、異物不良を容認していることになってしまい、それらはすべて作業者の感性が鈍いから、という結論になってしまいます。

　ゴミ・異物不良が無くならないのは、ゴミ・異物に対する作業者、つまりあなたの感性が鈍いからに他なりません。鈍いと言われて怒るのではなく、感性を高めることにつなげ、現場の実態をしっかりと観察すれば、ゴミ・異物の挙動、振る舞いを知ることができるはずです。その不良特性を的確に捉えれば、異物不良対策の方向性は必ず見えてくるので、楽しみながら目標に向かって取り組みましょう！

Special Column 1

目からウロコのクリーンルームシューズ（防塵靴）の話

エッ!! 防塵靴がゴミ・異物の元凶に!?

とある現場で、白いゴミを見かけるようになったのは数カ月前のこと。当初は、即座に清掃し、処理していたのですが、翌日にはまた忽然と現れる始末。作業者に聞き取りしても分からない。機材を調べても可能性すら見出すことができず、原因不明の環境汚染に管理者は頭を抱えたそうです。

しかしある日、その原因が判明します。作業者の防塵靴のソールが破損し、あの白いゴミが出ていたのです。

軽量でクッション性が高く、疲労軽減に寄与することから、現在、発泡ポリウレタン底のクリーンルーム用防塵靴は広く採用されています。しかし、実はこの素材には、使用度合いにかかわらず劣化が進むという特性があるのです。「発泡ポリウレタンの加水分解」と呼ばれるこの現象は、空気中の水分、水、酸、アルカリ、バクテリア、カビなどが原因。直射日光でも劣化します。使用者も知らないうちに靴底の劣化が進み、一般的には製造後4年以上で破損のリスクが高まります。

靴の中には汗による湿気が溜まりやすいことも、その現象を加速させてしまいます。それを少しでも防ぐために、防塵靴の保管は日の当たらない風通しの良い場所が鉄則。酸性やアルカリ性の物質が付着した場合には、速やかに拭き取りましょう。

靴底の状態を日常的に確認しつつ、使用期間や保管の場所にも十分に気を配ってくださいね！

3 ゴミ・異物の見える化のススメ

ゴミ・異物は、肉眼で見ることが大切です

見えないものを見える化する重要性とは？

○ 見える化する	× 見える化しない
▼	▼
鈍かった感性が動き出し、現場が見えるようになる！	見えないことで意識が低くなり、具体的な行動を起こさない
↓	▼
	異物不良が発生！

見える化すると期待できる変化は？

→ 不良を発生させないよう、
現場を見る意識が高まる。
すると現場の状態・状況を掴めるようになり
工程前後や作業前後への注意力も高まる。

→ 感性が動き出した状態は、
新たな行動や取り組みに
結びつけることができる！

「見える化」とは、情報共有のための仕組みに対して使用されてきた言葉です。メディアなどでも、「営業の見える化」や「経営の見える化」のように使われていますよね。

私は、肉眼では見えづらい小さなゴミ・異物を「見える化」することで、異物対策の現場管理に活かせればと考えています。〝見えないものを見えるようにすることで解決につなげる〟ということは、違和感なく受け止めてもらえるのではないでしょうか。

見える化の対象パラメーターには、目で見えるゴミ・異物だけでなく、静電気や気流などの目に見えない、または見えづらいものもあります。しかし本書では、あくまでもゴミ・異物の肉眼での見える化を最重要課題とし、的を絞ります。なぜなら、対処すべき異物が見えなければ、作業者の異物に対する意識は無いまま、低いまま。例え異物課題が蓄積していても、具体的なアクションは起こしませんし、対策を講じようという行動には結びつきません。それでは、異物不良発生のリスクが大きくなるばかりです。意識が無いまま、低いままでは、結果的に異物不良は減らないという事実が継続してしまいます。

そんな低い意識を高めてくれるのが「見える化」なのです。見える化することで、これまで鈍かった作業者の感性が目覚め、起動します。すると、現場のゴミ・異物の実態は必ず見えてくるのです。

まず、作業者の意識が変わります。意識が変われば、現場における行動に変化が起きる→ゴミ・異物に関心を持ち、四原則を順守する→ゴミ・異物が現場から無くなっていく――そんな好ましい連鎖が生まれるのです。そして現場が、異物不良ゼロという金字塔に向かって、着実に歩を進めていくことは間違いありません。

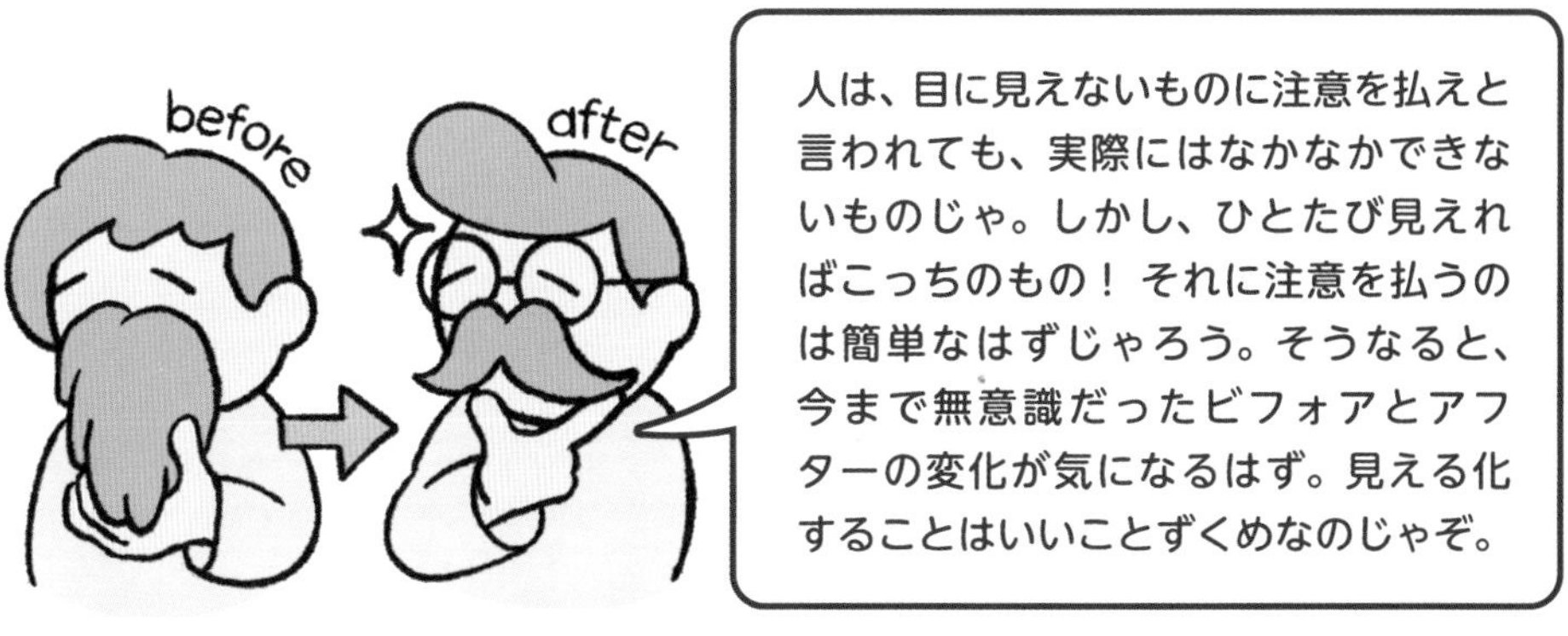
before
after
人は、目に見えないものに注意を払えと言われても、実際にはなかなかできないものじゃ。しかし、ひとたび見えればこっちのもの！ それに注意を払うのは簡単なはずじゃろう。そうなると、今まで無意識だったビフォアとアフターの変化が気になるはず。見える化することはいいことずくめなのじゃぞ。

静電気・気流の数値化やゴミ・異物を目視で捉える"見える化"がゴミ・異物対策の最重要課題！

ゴミ・異物の見える化の重要性

次に『見える化』の重要性について、少しお話ししようと思います。

前項にて、「見える化」により作業者の感性が目覚め、現場の実態が必ず見えてくるようになるというお話をしました。その際、作業者の期待できる変化は、自分自身でやった作業の前後や自工程の前後に現れるようになります。すなわちビフォア／アフターの変化に気づくようになり、同時に気になるようになるんです。

そうすると、今度は自ずと現場の実態を見ようとする意識が高まってきます。そして現場の些細な変化も掴めるようになっていき、何が良くて、何がダメなのかが分かり、判断できるようになる。つまり、今までは無関心だったり関心が低かったりした現場の状況を確実に把握し、しっかりと理解できるようになる訳です。

そうなればしめたもの。ゴミ・異物の存在を気にすることはもちろん、その発生も気になるようになるし、その対策を自ずと講じるようになる。また、発生しないような対策も考えるようになっていきます。現場はもちろんのこと、清掃用具の管理や清掃用具入れの整理整頓ひとつとってもその変化は見て取れるようになるでしょう。

作業者の感性が動くと、清掃用具入れもこの通り！

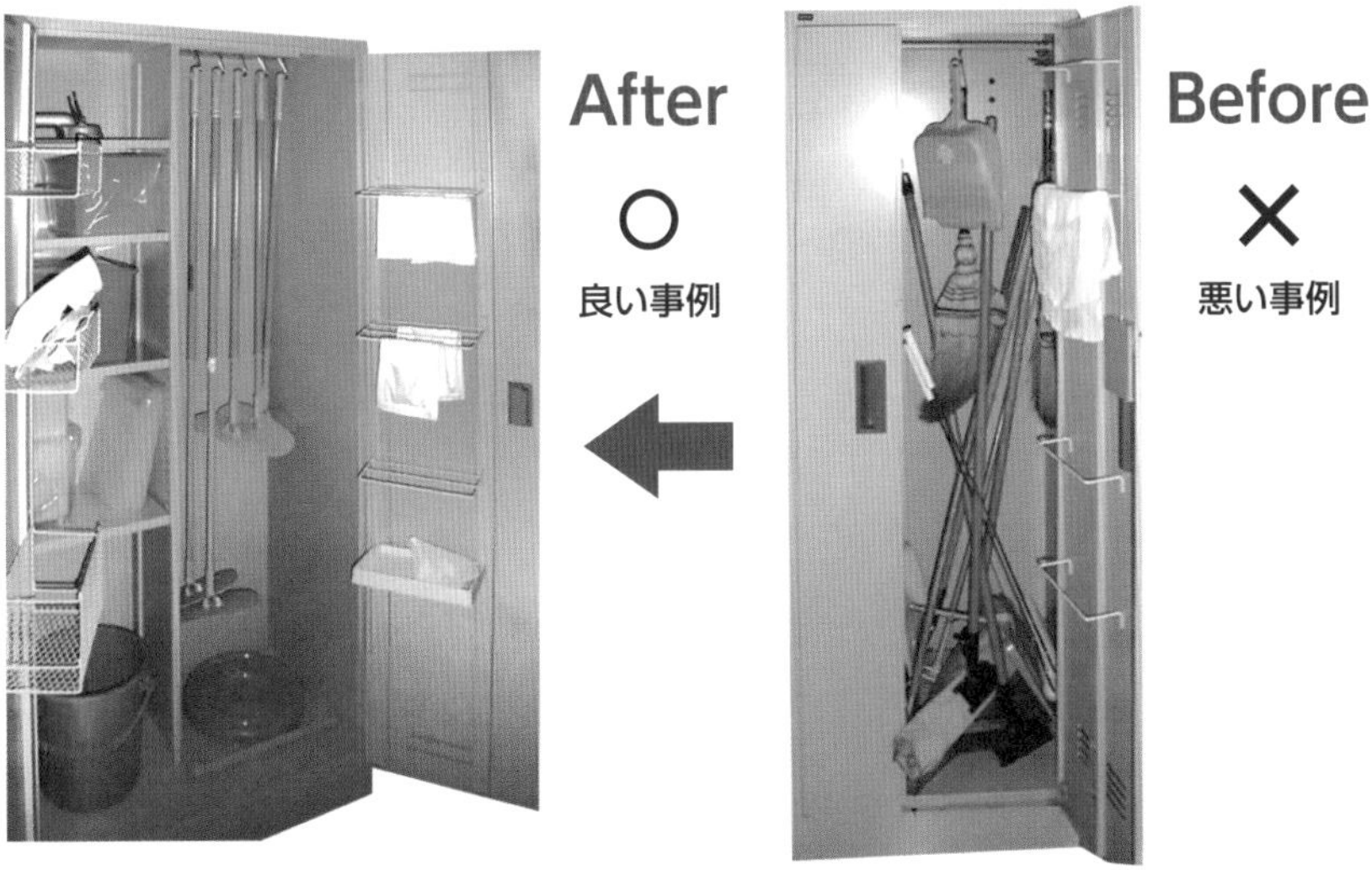

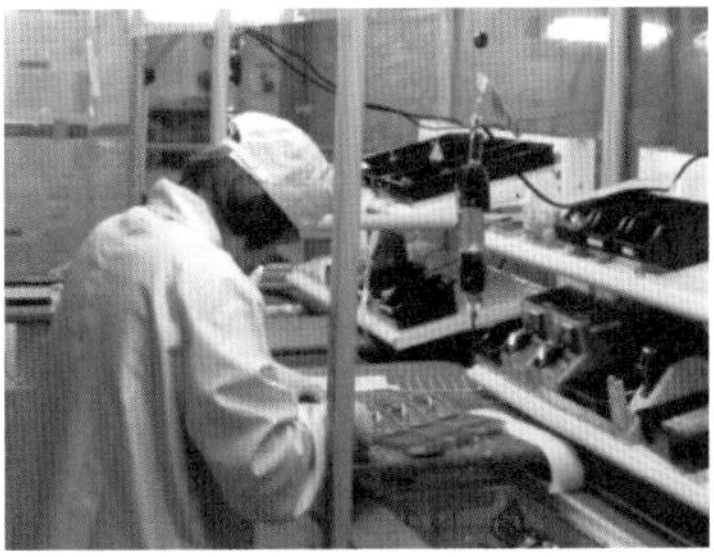
作業者の感性が目覚め、意識が変化すると、作業者は進んで行動するように。ゴミ・異物対策は一気に進みます。

面白いもので、感性に目覚めた人間は、新しい取り組みを積極的に生み出すようにもなっていくものです。それが、現場にとってゴミ・異物対策における大きなメリットのひとつであることは言うまでもないでしょう。ここでは、やや精神論的なアプローチでお話ししましたが、作業者の意識をどのように変えていくのかは、実は具体的な対策事案より重要で効果的ですから、是非このアプローチも実践してください。

次項では、技術論に戻り、ゴミ・異物を目視・肉眼で見える化する仕組み、方法についてお話ししていきましょう。

技術的対策は、それを覚えて実践していけばいいけど、現場の意識を変えていくというのは、ゴミ・異物対策に限らず難しいかもしれないよね。でも、確実に効果が上がり、それが持続して向上していくことは、確実に作業者たち自身を変えることになる。あせらず、じっくり取り組んでみよう。

チンダル現象が、発見者であるアイルランド出身の物理学者ジョン・ティンダルの名前から来ていることは知っていましたか？ 彼は登山家でもあったので、山頂から日の出の瞬間を見た時に、この現象を見つけたのかもしれませんね。

ゴミ・異物の見える化の仕組み

クリーン化を推進する上で、見える化することの重要性をお話ししてきましたが、そのパラメーターではゴミ・異物対策のウエイトが一番大きいのは言うまでもありません。しかし一方で、温度／湿度、空気の流れ（気流）や室圧／差圧、静電気、振動、照度などへの対応も必要で、総合的判断とそれに基づく対策が必要になってきます。

見える化する対象物は直接的な影響を与えるゴミ・異物ですが、それ以外は製品のゴミ・異物不良を助長させるパラメーターといえます。後者はまた、2〜3の要素が複合的に発生するのが常ですから、しっかりとした確認、管理が必要となってきます。見える化による様々な効果については既にお話ししましたので、ここからはその方法と仕組みについてご説明していきましょう。

まず、ゴミ・異物の見える化に貢献する方法は2つ。いずれも物理的現象を用いた方法ですが、チンダル現象と暗視野照明法を覚えておいてください。暗視野照明法は斜光とも呼ばれるものです。

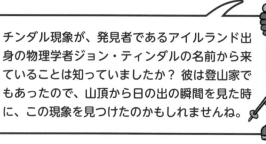

チンダル現象とは、直進性の強い光が浮遊粒子に当たって散乱し、道筋が光って見える現象のことをいいます。例えるなら、古い映画などの映画館の場面で、映写機からの光の中に浮かび上がる、ホコリが見える現象。そういえばピンと来ますよね。

暗視野照明法は、製品などの表面に対して水平に近い角度で直進性の強い光を当て、ゴミ・異物に当たった際の散乱光によってゴミ・異物を認識するという方法です。カーテンの隙間から漏れる太陽光（斜光）が当たったホコリが、浮かび上がって見える状況を思い起こしていただければいいと思います。
次項からは、これらを利用した取り組みについてご紹介していきましょう。

チンダル現象と暗視野照明法

肉眼では見えない「粗大粒子」を見えるようにすることができます。
見えるようになると、現場の意識が変わり、意識が変わると行動が変わります。

チンダル現象

!

実際の写真

チンダル現象とは、直進性の強い光が空気中の浮遊粒子に当たり、散乱することによって道筋が光って見える現象です。身近なところでは、木漏れ日の下や、映画館などでよく見られます。

暗視野照明法

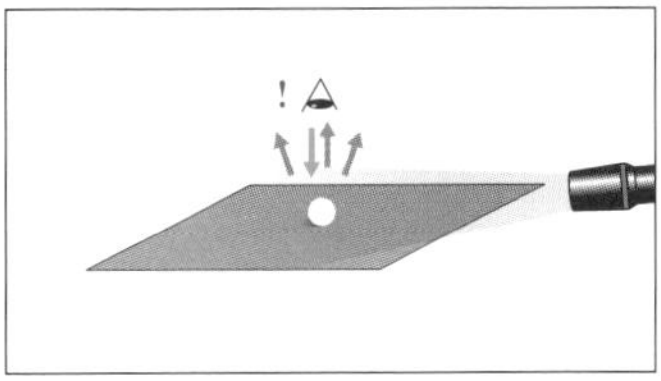
!

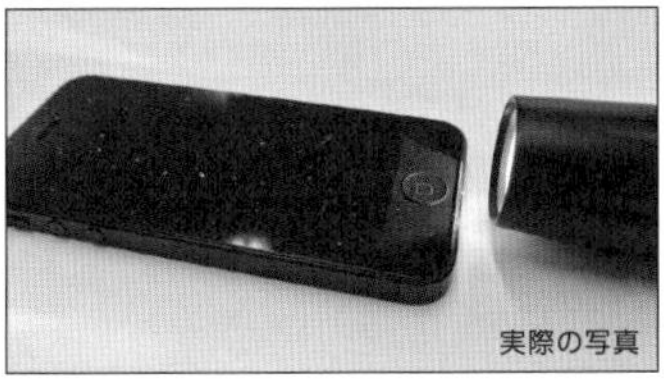
実際の写真

表面に対して水平に近い角度で光を当てることで、表面からの反射光が目に入らず、なおかつ異物・粒子に当たった光が、元来た方向とは無関係にあらゆる方向に散乱（乱反射）し、光って見えることで、コントラストがはっきりするようになる現象。光の入射角は0～15度がベスト。

“暗視野照明法”は、ノーベル賞も受賞したオーストリアの化学者リヒャルト・アドルフ・ジグモンディが発見しました。偏斜照明でコントラストが強調されるので、顕微鏡による観察などにも用いられています。

ゴミ・異物を見つける方法①〈チンダル現象を利用する〉

チンダル現象とは、光が浮遊粒子に当たり、散乱することにより道筋が光って見えること。身近なところでは、森の中の木漏れ日に浮かび上がった霧や、映画館で頭の上を通過する映写機が発する光の中に浮かび上がるホコリが見える現象、薄明光線やレンブラント光線などと呼ばれる、朝焼けや夕焼けの空で、雲の隙間から放射線状に漏れた太陽光の線がくっきりと見える現象などがそれに当たります。これを、もう少し専門的にいうと、「分散系に光を通した時、光の通り道がはっきりと見える現象」ということになります。分散系とは、1㎚から1000㎚（1㎛）くらいのサイズの粒子が、気体、液体、固体中に浮遊または懸濁している物質のことで、私たちのテーマであるゴミ・異物に置き換えると、粒子が分散している媒質（分散媒）は空気、分散している粒子（分散質）はホコリや皮膚片、髪の毛となります。

その場合、分散質はサイズが1～10㎛程度のホコリや50～100㎛程度の太さの髪の毛などとなり、一般的に人間が肉眼で見ることができる限界が10㎛くらいといわれていますので、チンダル現象を利用した観察で浮かび上がるのは、主にホコリということになろうかと考えられます。

そもそも光の散乱とは、光が進む途中で微粒子にぶつかって進行方向が変化することを指します。光には色々な色がありますが、色によって波長が決まっていて、波長が短いほど強く散乱するという性質を持っています。チンダル現象は、光の波長より大きい粒子によって起きる光の散乱（ミー散乱）の一例です。

なお、チンダル現象は微小な粒子が分散している場に光を通した時に、その光が分散媒に当たって散乱し、光の通路にある分散媒が斜めや横から光って見える現象ですから、周囲が暗ければ暗いほど認識率が高まります。

チンダル現象による浮遊異物の見える化

チンダル現象

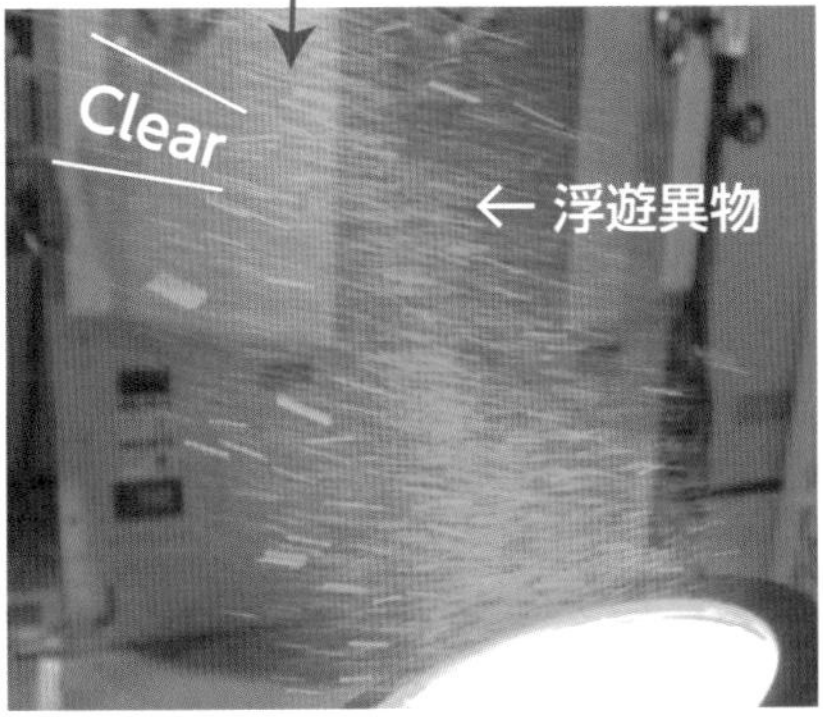
Clear
← 浮遊異物

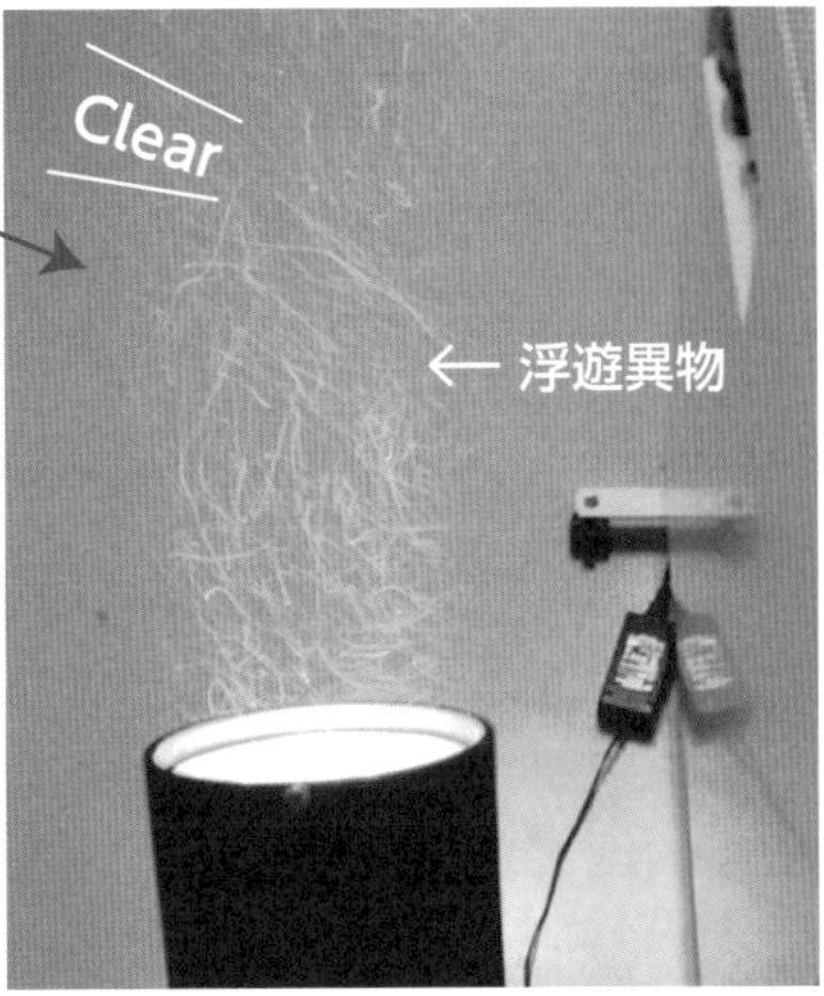
Clear
← 浮遊異物

光の波長が長いほど散乱しづらく、短いほど散乱しやすいことを覚えておくと便利だよ。あと、光の波長は、“最も長いのが赤”“最も短いのが紫”だけど、人間の目は紫を認識しづらいから、そういう時は近似色で代用するのも手だよ。

ゴミ・異物がよく見える〈見える化ライト〉の使い方①

前項にて、チンダル現象の性質などについてご紹介しました。ここでは、その現象を利用して、ゴミ・異物対策を講じるための秘密兵器「見える化ライト」と、その使い方について詳しくご紹介しましょう。

まず、見える化ライトとは何なのか？　これは、一般的には「クリーンチェックライト」と呼ばれるもので、製品に付着したゴミや傷（完成品検査）、生産設備などの作業環境にある粗大粒子（いわゆるゴミ・異物）を簡単に可視化できるライトです。チンダル現象だけでなく、次にご紹介する暗視野照明法（斜光）などでも使用可能なのですが、ゴミ・異物をできるだけはっきり浮かび上がらせるために、一方向に進む強い光を発するのが特徴。照射時に空気中に浮遊する異物があれば、その異物に当たった光が散乱してよく見えるというものです。

一般的なライトとの違いは、ゴミ・ブツの原因となる粗大粒子（ホコリ）を可視化するために、より直進性が強い光を発するべく、レンズによる集光ではなく、リフレクター（反射鏡）による集光方式を採用している点です。そのために、近くでも遠くでも同様の大きさの光軸が得られるように設計されています。また、LED光源だけでなく、より高輝度なHID光源を採用した商品もあります。

室内が明るい状態でもゴミ・異物が可視化できるように設計・製造されているので、ほとんどの場合、通常の作業環境下で使用することが可能です。しかしその分、光が強いため、光源や対象に当たって跳ね返る反射光が、できるだけ自身の近くにいる人の目に入らないよう、十分に気をつけなくてはなりません。また、前述したように確認したい対象エリアを暗くしたり、後ほど詳しく説明しますが、ライトの色をグリーンの光に変更するなどの工夫が必要になる場合もあります。そうすることで、より視認性が高くなるということを覚えておきましょう。

チンダル現象を活用する方法

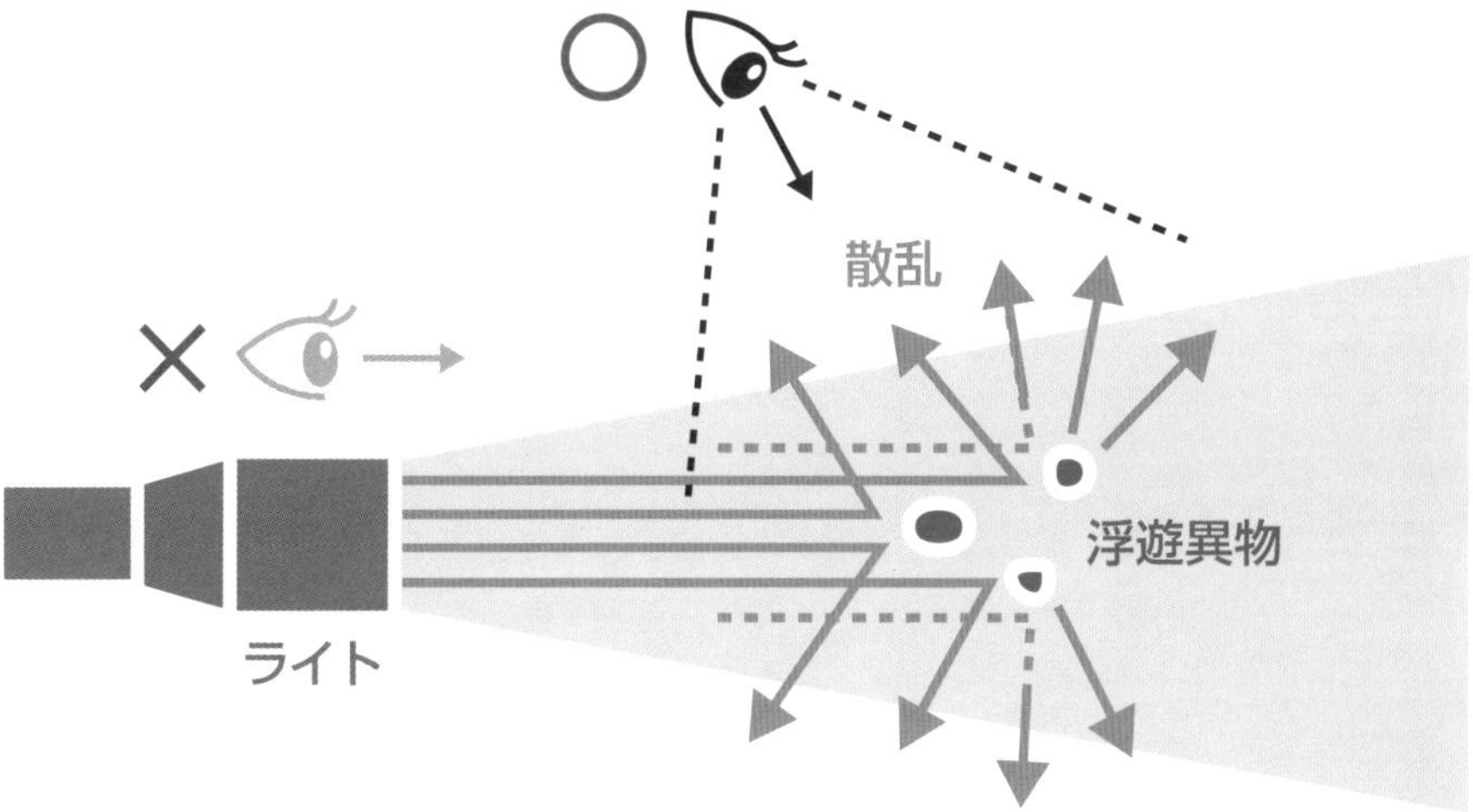
○
散乱
×
浮遊異物
ライト

見える化ライトの光は一方向へ進みますが、
ホコリ・異物に当たった光は周囲に散乱します。

見える化ライトが、すごく明るい光源を使用しているということは分かったよね。そのため、長時間の観察では、どうしても目が疲れてしまうんだ。ひどくなると浮かび上がったゴミや異物が見えなくなってしまうことだってある。一生懸命に目を凝らしているから疲れるのは当たり前なんだけど、実はこの目の疲れの原因は、見える化ライトの光に含まれるブルーライトと似た波長。これは決して目にいいものではなくて、視力低下などの原因にもなりかねないから、使用する際は十分に注意しよう！

ゴミ・異物を見つける方法②〈暗視野照明法（斜光）〉

ここまで、チンダル現象を利用した見える化については、かなり詳細にご説明してきました。ここからは、ゴミ・異物の見える化を実現するためのもうひとつの方法である暗視野照明法（暗視野観察）についてご説明していきます。この方法は、斜めから光を当てるので「斜光」とも呼ばれ、現場でもその方が一般的かもしれません。

斜光という名の通り、ゴミ・異物が付着していると思われる製品などの表面に対して、できるだけ斜めから水平（0度）に近い角度で、直進性の強い光を当てます。するとゴミ・異物に当たった光が散乱（乱反射）します。その散乱光を意識することで、ゴミ・異物を認識するというものです。

科学者が顕微鏡を用いて試料を観察する際にも、試料の背面から光を当てる透過照明の一種として暗視野照明法が使われているので、ご存じの方もいらっしゃるかもしれませんね。

光の当て方については、入射角度は0～15度程度がベストです。明るい背景の中に、背景よりも暗い部分を浮かび上がらせることで見える化する明視野照明法とは逆に、直接光を遮ることで暗い背景の中に対象の輪郭を光らせるため、高いコントラストが得られるのが特長。対象物の表面は、より光を受けやすい鏡面状態に近い方が望ましく、そうすればゴミ・異物をよく認識することができるでしょう。

具体的には、ガラス、フィルム、ポリッシング後の金属面、磨きの入ったステンレススチールなどが対象の場合は、ゴミ・異物がよく見えます。なお、同様の理由で、背景については黒色系の色の方が認識率は高くなります。私の経験では、現場の確認時試料としてシリコンウエハーを要所要所に設置し、その表面を利用して認識する方法も効果的ですので、覚えておいてください。

暗視野照明法(斜光)による異物の見える化

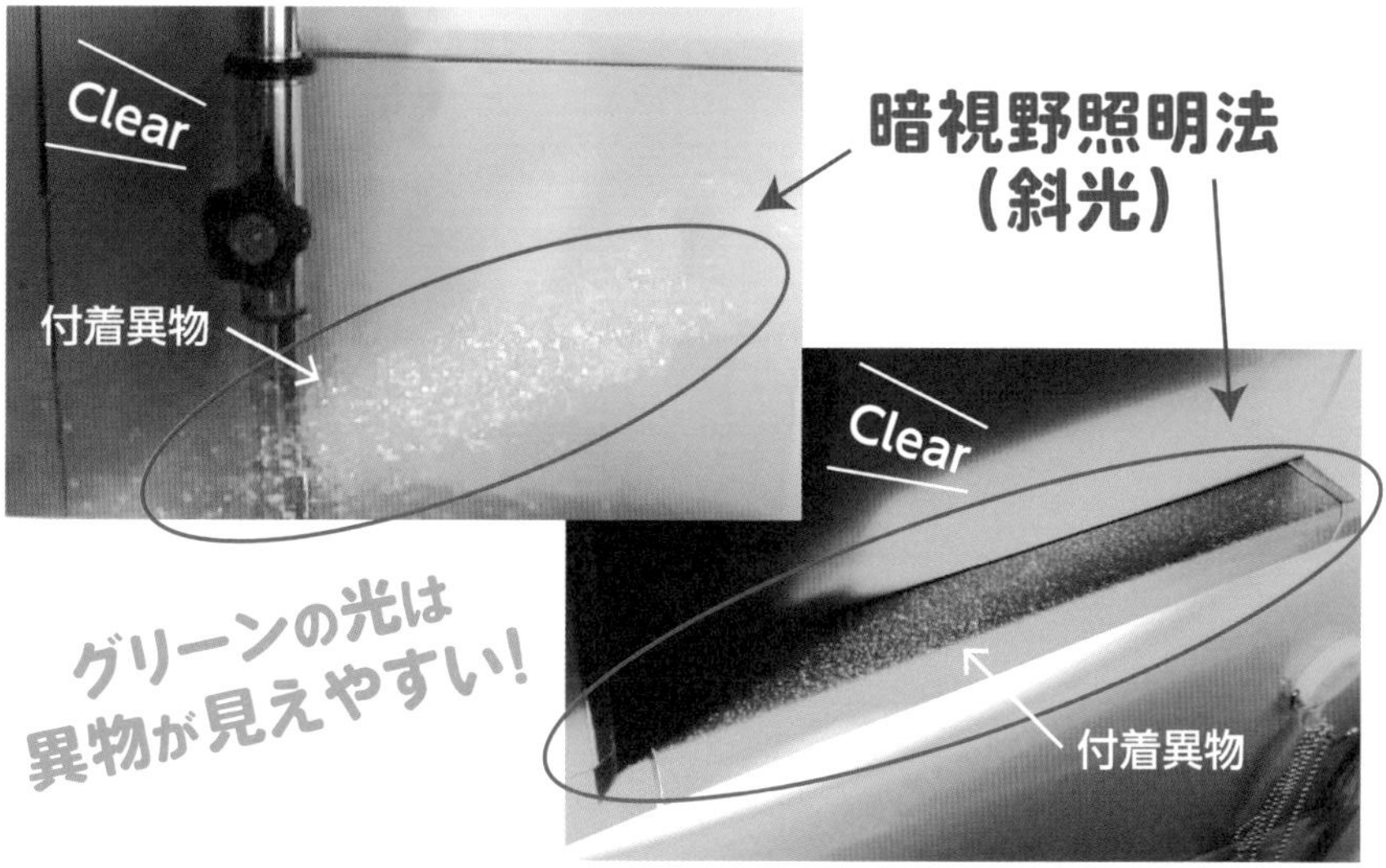
Clear
付着異物
暗視野照明法
(斜光)
Clear
付着異物
グリーンの光は
異物が見えやすい!

キャッシュカードが急に使えなくなった、なんて経験はありませんか？ ICチップの傷を確認しようとしても、チップは小さく、上から光を当てるとハレーション現象を起こしてしまうので、確認しようにもなかなか見えないですよね。ですが、反射しないように横から光を当てれば、傷を光らせて浮かび上がらせることができます。暗視野照明法は、それと同じ原理だと考えてください！

ゴミ・異物がよく見える〈見える化ライト〉の使い方②

「見える化ライト（クリーンチェックライト）」が、暗視野照明法でも有効であることは既にお伝えしました。実際のところ、一般的な構造のライトとは異なり、直進性が強い光を最大限に発するために、レンズではなくリフレクター（反射鏡）による集光方式を採用している見える化ライトは、遠近を問わず光軸が同じで、対象までの距離にかかわらず、同じ大きさに照射範囲を絞れるという特徴があります。

その結果、暗視野照明法での光の当て方の理想といえる、できるだけ水平（0度）に近い角度で照射することが可能となるため、この方法には最適なライトということができるでしょう。

ここで、チンダル現象を用いた確認方法との違いについて考えてみましょう。ゴミ・異物のチンダル現象による確認は、おのずと空気中になることから、対象となるゴミ・異物は浮遊塵ということになります。一方、暗視野照明法で照射・確認する際のゴミ・異物は、製品や作業台、機器類、床面や壁面などへの付着塵となり、それに横からライトを当てて認識しようというものです。そのためには、背景はできるだけ暗くし、かつガラスやしっかりとポリッシングした金属面など、対象物の表面をより光を受けやすい鏡面状態に近いものとして、背景とゴミ・異物がある場所の明度の落差を、できる限り大きくする方が望ましいということになります。

繰り返しになりますが、見える化ライトで使用される光には、パソコンなどのモニターから発出されるブルーライトと波長が近いという特徴があります。最近では、パソコン使用時に目を保護する目的でかけるブルーライトカットの眼鏡が登場しているのでご存じの方も多いと思いますが、見える化ライトは目に害を及ぼすブルーライトと近い性質を持ち、微細なゴミ・異物を発見するためのとにかく強い光です。くれぐれも目に光が入らないよう、気をつけてくださいね。

暗視野照明法(遮光)を活用する方法

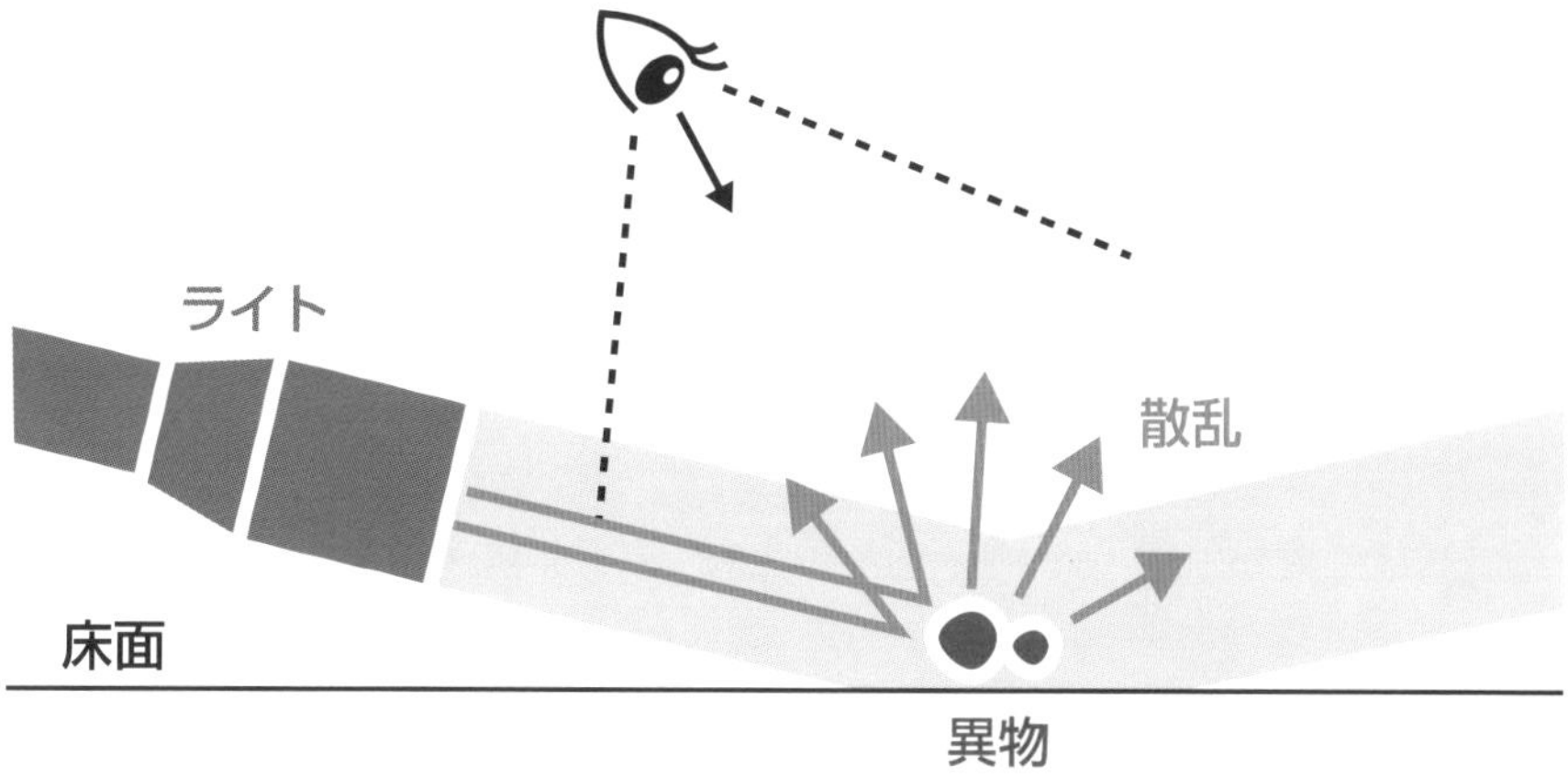
ライト
散乱
床面
異物

水平に近い角度で照射したライトの散乱光は目に入らないため、0〜15度程度の角度で光を当てると、良く見えます。

パソコンの使用が当たり前の昨今、ブルーライトカットの機能を備えた眼鏡をよく目にしますが、レンズカラーのラインナップには必ずグリーンが入っています。その理由は、ブルーライトの波長を打ち消す効果が高いからなのです。

ゴミ・異物発見の救世主はグリーンの光です

さて、見える化に関する最後のレクチャーです。皆さんは、現場確認や現場調査・診断の時、どんな「見える化ライト」を使っていますか？ 私は、グリーン（緑色）光源のライトを使用して観察することをお勧めします。

人間の目が光の明るさをどう感じるかを表す指標に、比視感度というものがあります。これは人の目が光の波長ごとに明るさを感じる強さを数値化したものなのですが、その数値が一番大きい波長域、すなわち人間の目が一番明るいと認識するのが、555㎚付近に該当するグリーンの光なんです。

つまり、グリーンの光に照射され、散乱光を放つ微小異物は、人間の目にとって一番見えやすいということです。グリーンの光でゴミ・異物の確認をすると、認識率をグッと高めることができますから、是非お試しください。

ちなみにグリーンの光で見える＝認識できるゴミ・異物の大きさ・粒子径は、個人差は若干ありますが、一般的には最小で10㎛程度と言われています。それ以上の粒子は粗大粒子と呼称され、色々な生産品不良の原因となる確率が非常に高いことが分かっていますので、特に注意が必要です。つまり、見える化ライトで認識できるゴミ・異物を無くす＝徹底除去できれば、自工程でのゴミ・異物による不良率を確実に下げることができるでしょう。

またグリーンの光とともに365㎚近傍波長を持つUV（紫外線）を励起光として使用し、蛍光剤や油分などから出る特有の光（蛍光・燐光）を放射させてゴミ・異物を確認する方法もあります。励起光が当たることで放射される蛍光や燐光は、特殊な油脂でも発光するため、工程管理にも多く使用されており、蛍光剤で漂白されている可能性が高い作業者のインナーから出る綿などの短繊維などを、容易に認識することができるでしょう。いずれにせよ、見える化ライトは自工程での用途や対象物の大きさなどに合った商品をしっかり吟味して選択することが、効果的なゴミ・異物確認のためには重要です。

グリーンの光で照らすと異物は見えやすいのか？

人の目が光の波長ごとに明るさを感じる強さを比視感度(Luminosity funtion)といい、これを数値化したものが下のグラフです。

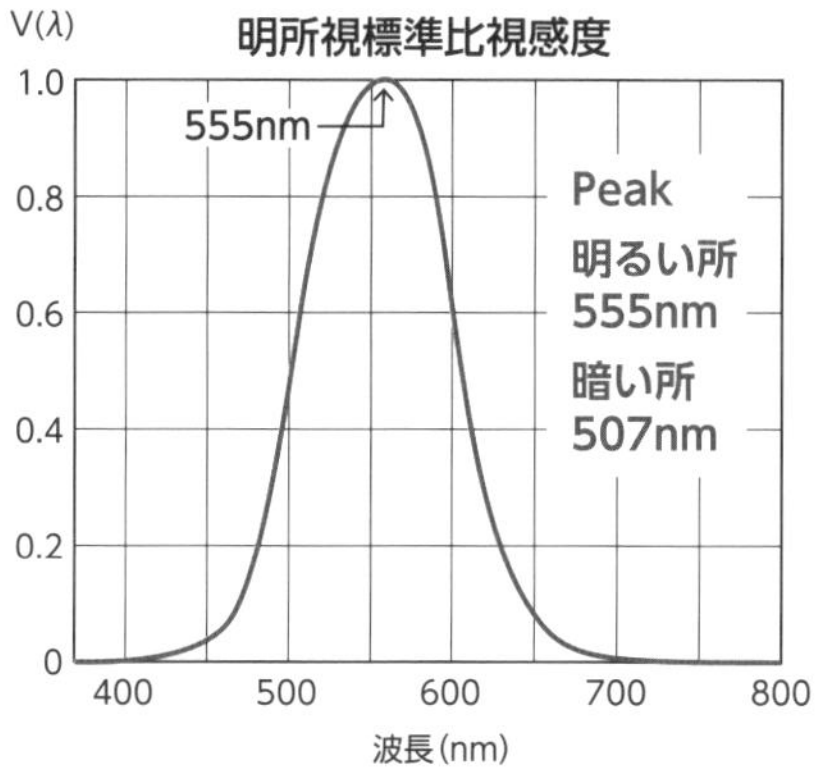

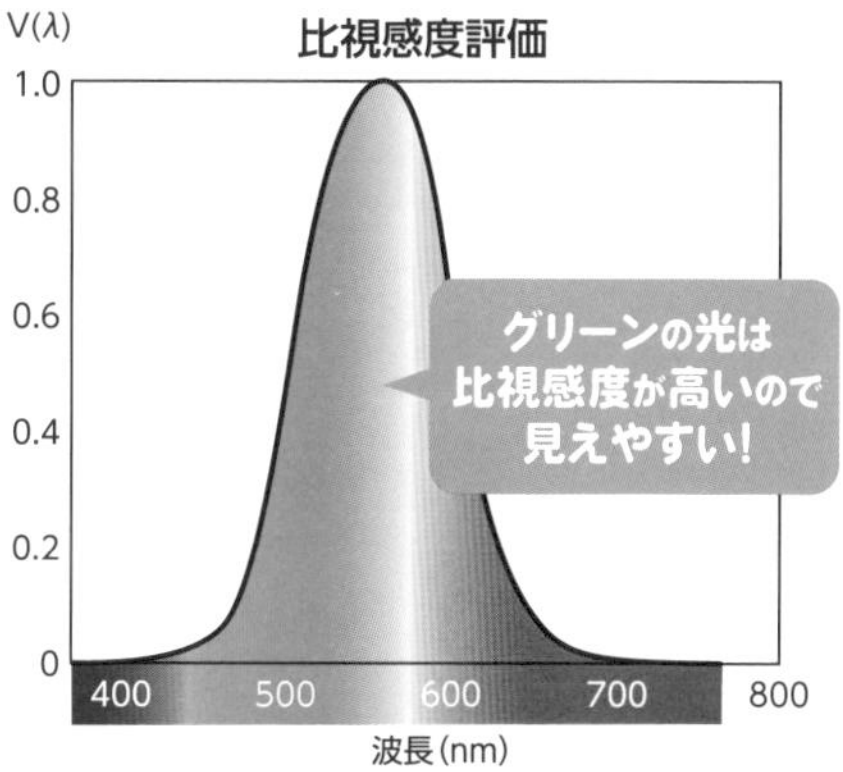

グリーンの光に反射する異物は見えやすい!!

多少の個人差があるけど、グリーンの光によって視認できるゴミ・異物の最小粒子径は約10㎛。それ以上はほぼ確実に見えるんだって。そんな10㎛以上の粗大粒子は、ゴミ・異物不良の要因として高いウエイトを占めているから要注意だよ。ちなみに、目のいい人なら5㎛くらいのゴミ・異物も認識できるらしいぞ。

ゴミ・異物を見つけるための見える化機器あれこれ

グリーン光源のライトなど、ゴミ・異物を見える化するための機器についても、少しご説明しておきましょう。機器とはいっても、コスト的にも性能面でもライトに勝るものはなく、まずは「見える化ライト」の活用を積極的に推進してみることをお勧めします。

現在、見える化ライトは、「ホコリの見えるライト」、「クリーンチェックライト」、「クリーンルームライト」など様々な名称で数多く販売されています。いずれも、基本的には同じ機能、性能を持っていると考えて差支えないでしょう。ひとつ重要な点は、照度だけではなく、発する光の性質に強い直進性が求められるということです。ご説明してきたリフレクター方式のモデルだけでなく、マルチレンズによる集光方式を採用しているモデルもあるので、自工程に合わせて比較検討してみてください。

一般的な懐中電灯とは異なり、安定した直進光により、照射距離に関係なく、見える化の品質が安定するのも特徴です。高輝度ライトなら皆同じと考える方もよくいらっしゃいますが、それは大間違い。見える化ライトはまったくの別物ですから、ご注意ください。必ず専用の商品を選びましょう。

用途は、製品の検査・組立工程の確認、オーバーヘッドコンベアからの発塵確認、作業現場の床・壁の付着塵や製造設備のファン付近の浮遊塵の確認、清掃前後のクリーン状態の確認から、気流可視化装置と組み合わせた気流の見える化、作業者から発生するホコリの確認などまで多士済々。塗装工程の不良原因調査、自動車部品の製造・組立、住宅建材の検査、電子部品や製造装置の外観検査、出荷検査などでも広く活躍しています。生産環境の維持管理、ゴミ・異物の管理の第一歩は「見える化」。見える化ライトによるゴミ・異物の徹底除去で、必ずや良い結果が現れますよ！

放射エネルギーのスペクトル

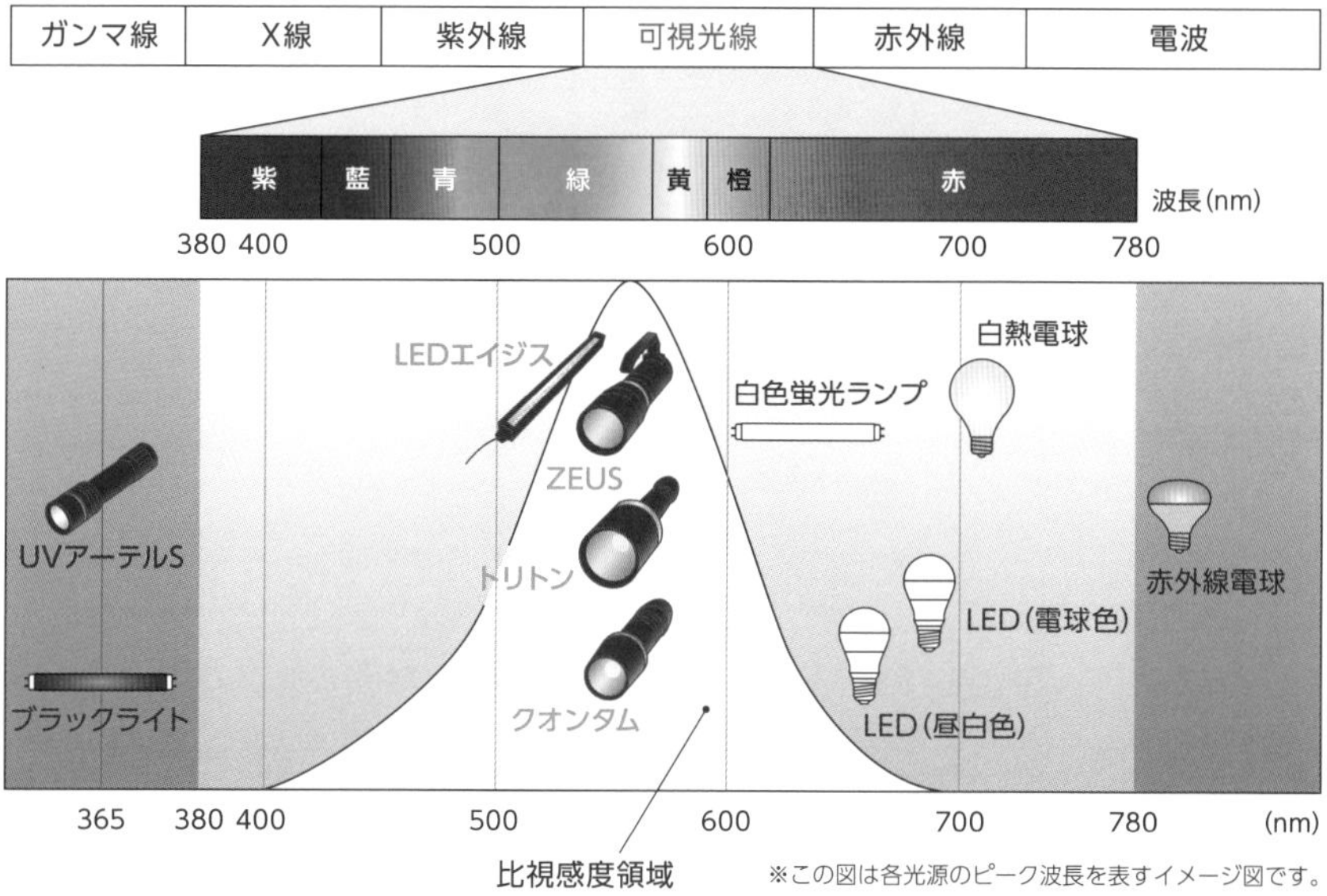
ガンマ線
X線
紫外線
可視光線
赤外線
電波
紫
藍
青
緑
黄
橙
赤
波長(nm)
380 400 500 600 700 780
LEDエイジス
ZEUS
トリトン
クオンタム
白色蛍光ランプ
白熱電球
UVアーテルS
ブラックライト
赤外線電球
LED(電球色)
LED(昼白色)
365 380 400 500 600 700 780 (nm)
比視感度領域

※この図は各光源のピーク波長を表すイメージ図です。

ゴミ・異物を照らし、発見しやすくしてくれる機器には数多くの種類があり、使用環境や作業・工程のニーズに合わせて選択することが大切です。NCC（株）のホームページ（https://www.ncc-nice.com/）に詳細な記載がありますので、是非ご覧になってみてください。

実は、従来のリフレクター方式では光にムラが生じてしまい、今ひとつ視認性に欠けることがありました。ですが、次世代型のマルチレンズ方式なら、スポットライトのように光が均一に照射されるので、数m先のゴミ・異物を視認することが可能です。しかも、対象や場所を選ばない万能型でもあるんですよ。

ゴミ・異物の難物〈粗大粒子〉の挙動とは？

ここまで、空気中におけるゴミ・異物の挙動について、その大きさ、質量、様態によって大きく異なってくることをお話ししてきました。この項では、その中でも特に製品の不良原因となる可能性が高いとされる、肉眼でも視認可能な10㎛以上の粗大粒子の挙動について、もう少し詳しく説明したいと思います。

一般的な様態で同じ質量、大きさのみ粒子径0・1㎜（100㎛）と十分の一の10㎛と異なる浮遊物質を、2ｍの高さから床に落とし、その落下時間を比較してみましょう。前にも少し触れましたが、粒子径0・1㎜の浮遊物質は約8秒で落下します。つまり、現場に高さ2ｍのロッカーが設置されていると仮定して、その上から浮遊し始めたゴミが床に落ちるまでの時間は8秒間ということです。一方、粒子径10㎛の浮遊物質では、どのくらいの時間が掛かると思いますか？

床に落ちるまで、なんと11分も掛かります。さらに小さい、肉眼ではまず見えない4㎛程度の粒子径になると、驚くことに、1時間7分も掛かるのです。

このように粒子径が小さくなると、落下時間は加速度的に長くなっていきます。これが羽や繊維のような様態の物質だと、風を受けやすい形状に加えて比重も小さいので、さらに長い時間、空中を漂うことになります。

ものづくり環境では、忘れた頃に落ちてくるようなこうした浮遊物質の落下・沈着によって不良が発生するリスクは、極めて高いと言わざるを得ません。物質の大きさや様態をきちんと認識しないと正確な対策はできませんし、自工程の清浄化メカニズムによっても変化するので、それを知ることも重要です。清浄空気が一方向流下だった場合には空気を置換することが、非一方向流下では希釈と拡散をすることが対策になります。自工程はどんな空気の流れになっているのか、どんなゴミ・異物が浮遊しているのか――まずはそれを知ることからはじめていきましょう。

粗大粒子を含む粒子拡散のイメージ

クリーンルーム内の粒子の挙動

非一方向流下の場合

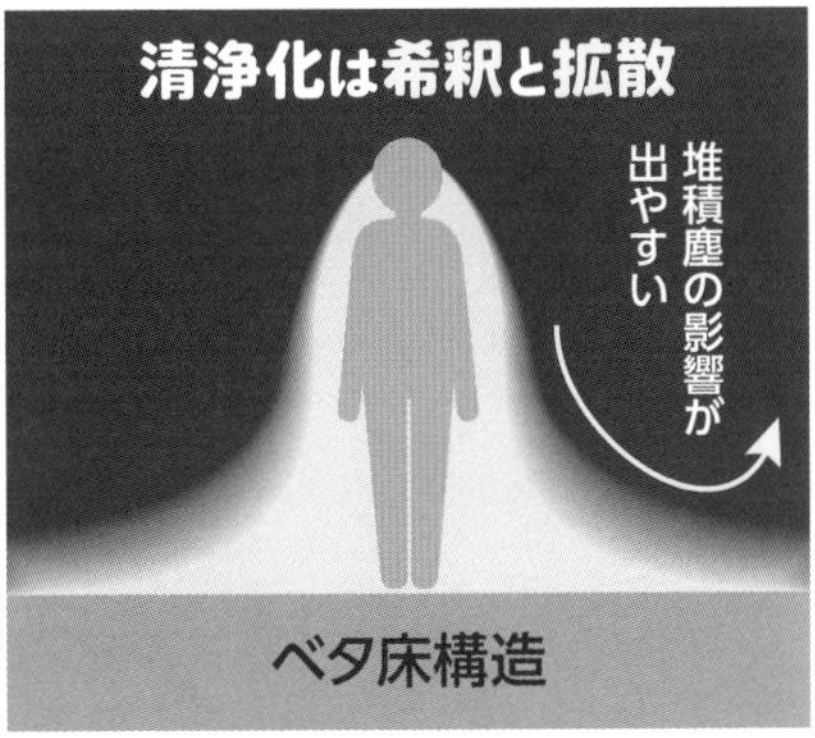
清浄化は希釈と拡散
堆積塵の影響が
出やすい
ベタ床構造

一方向流下の場合

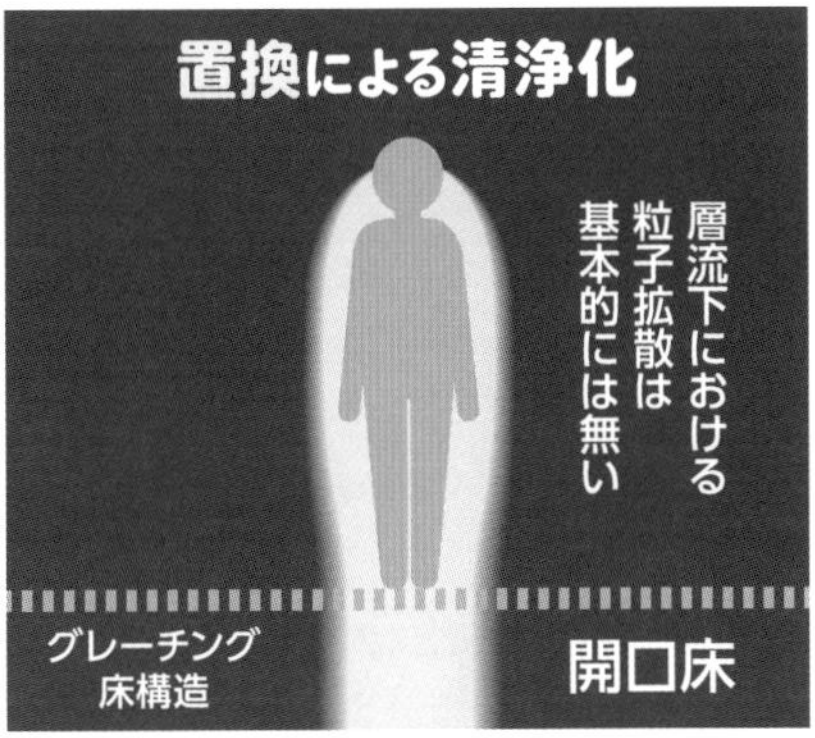
置換による清浄化
層流下における
粒子拡散は
基本的には無い
グレーチング
床構造
開口床

現場がグレーチングなど開口床の場合には、粗大粒子を含むゴミ・異物はそのまま床下に落ちていきます。しかしベタ床構造の場合には再浮上し、拡散しながら再浮遊します。上から清浄空気を送っているような現場では、床構造によって対策が変わるので注意しましょう。

１時間掛けて落ちてきたゴミ・異物が再び舞い上がり、また１時間掛けて落下するような環境では作業になりませんね…。だから、元から絶つことが大事です！

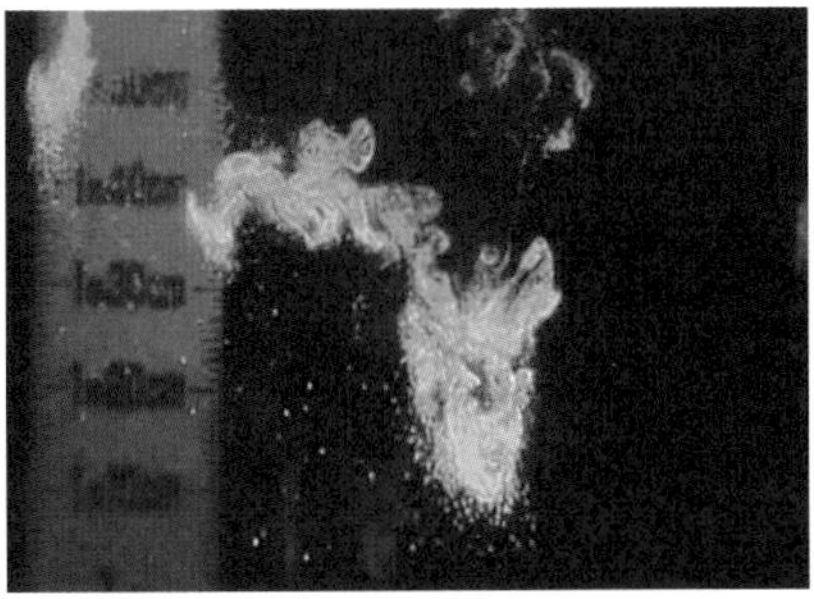

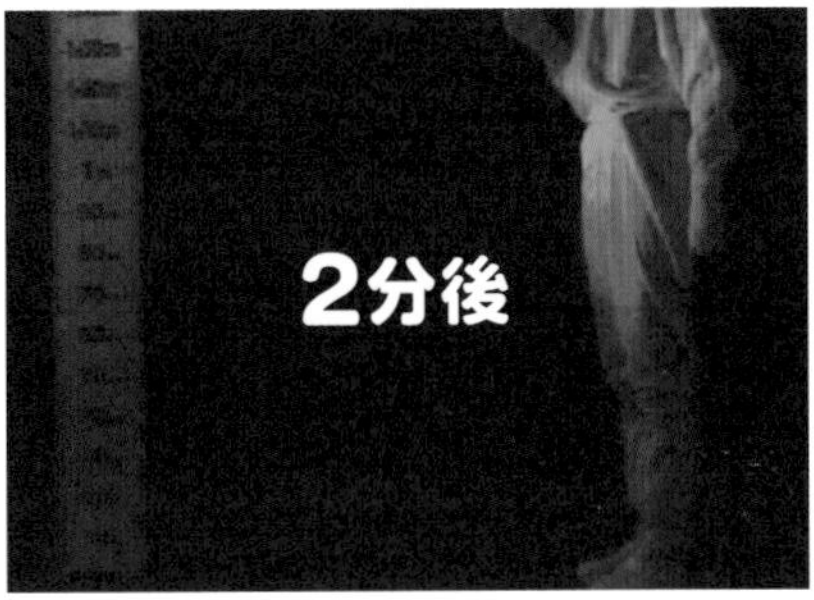
2分後

人の胸元をイメージし、1.5mの高さから花粉を噴霧した実験。花粉はわずか2分で床に落下し、堆積塵に早変わり！

ゴミ・異物の計測は5㎛以上こそ大事

クリーンルーム技術、清浄度・クリーン度に関する規格づくりは、アメリカで1950年頃に始まったと言われています。マンハッタン計画と呼ばれた原子爆弾開発計画からはじまり、軍事産業の中で培われ、近年では、半導体製造技術の進展とともに技術が確立されました。

実は、できたばかりの規格では、清浄度＝クリーン度評価時の評価粒子径は最大で5㎛でした。製造工程において5㎛以上の粒子は存在するべきではないという考えのもとで否定され、対象となっていませんでした。そんな経緯から、粗大粒子領域はISOやFed.STDなど国際規格に基づき制作された粒径分布曲線を見ても蚊帳の外。5㎛以上の粒子は排除されており、対象となる最大粒径は今も5㎛です。

しかし、私たちのものづくり環境に5㎛以上の粒子は本当に存在しないのでしょうか？　そんなことはないですよね。5㎛以上の大きいゴミ・異物もたくさん存在しているのが現実です。大きい粒子・重い粒子は重力の影響をより大きく受けるため、その挙動も概ね5㎛を境にして変わってきます。清浄度・クリーン度の評価はパーティクルカウンター（微粒子計測器）で行いますが、こうした挙動変化により、規格外の大きい粒子を確実に計数値化できない確率が高くなってしまうのです。

近年、ゴミ・異物が原因の汚染によって、機能面だけでなく外装面についても品質不良の発生が問題視されるようになってきました。多くの産業形態でクリーンな環境が要求されるようになった結果、対象となる粒径は当初の半導体デバイス管理で求められていたサブミクロンレベルではなく、5㎛以上ともっと大きくなっています。

粗大粒子は、JIS規格では「概ね10㎛以上、100㎛程度の粒子」と定義されています。しかしこれらの理由から、5㎛以上を粗大粒子と捉え、見える化ライトを活用して工程・現場の本質を掴んでください。

粒径分布曲線の比較：ISO / Fed.STD

クリーンルーム環境の許容粒子濃度を表します

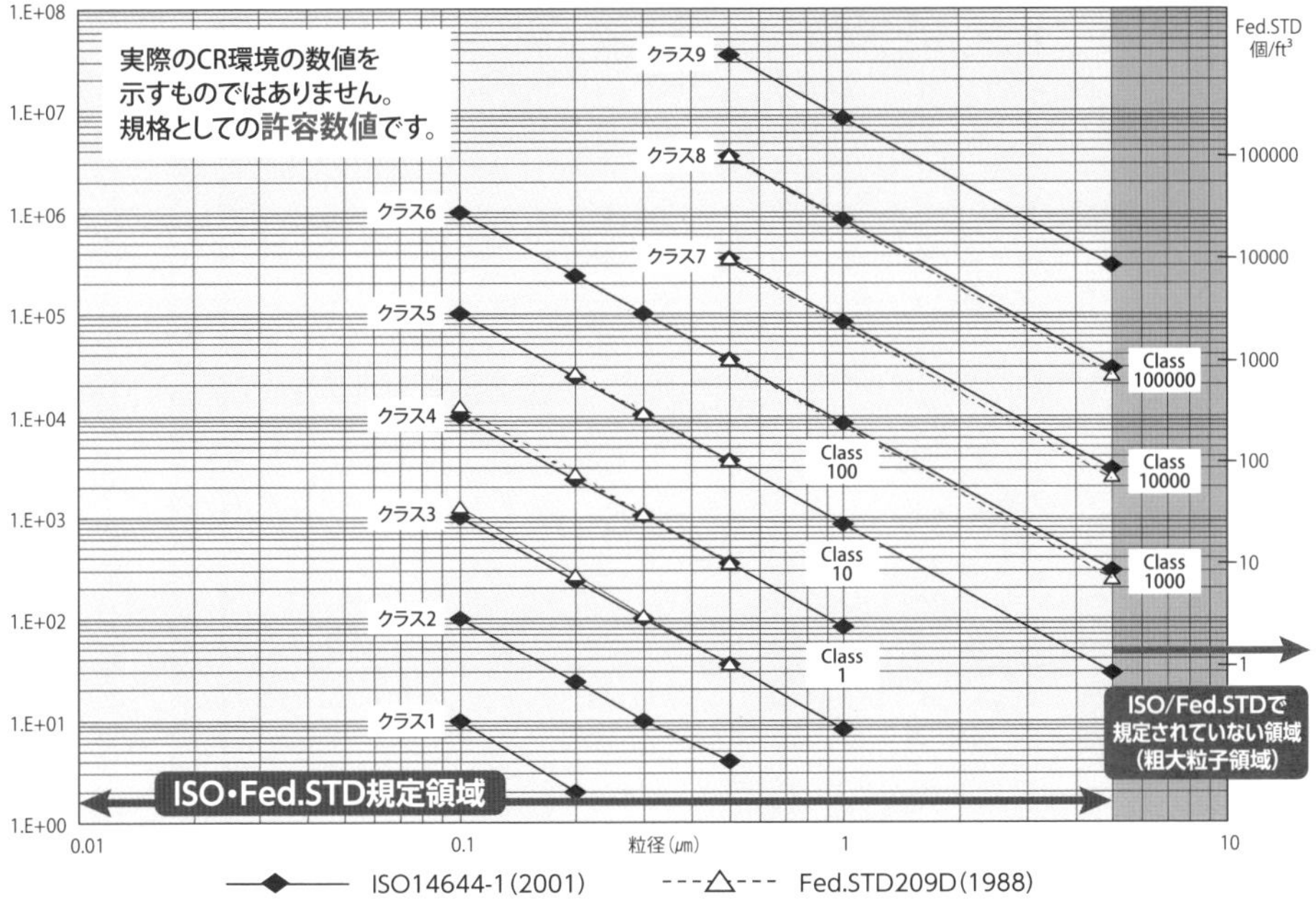
粒子数(個/㎥)
Fed.STD 個/ft3
実際のCR環境の数値を示すものではありません。規格としての許容数値です。
クラス9
クラス8
クラス7
クラス6
クラス5
クラス4
クラス3
クラス2
クラス1
Class 100000
Class 10000
Class 1000
Class 100
Class 10
Class 1
ISO/Fed.STDで規定されていない領域(粗大粒子領域)
ISO・Fed.STD規定領域
1.E+08
1.E+07
1.E+06
1.E+05
1.E+04
1.E+03
1.E+02
1.E+01
1.E+00
100000
10000
1000
100
10
1
0.01
0.1
1
10
粒径(μm)
ISO14644-1(2001)
Fed.STD209D(1988)

ISO/Fed.STDで規定されている領域は最大5㎛までで、それ以上は規定されていない粗大粒子領域となります。

表はISO(国際標準化機構)とUSA.Fed.STD(米国連邦規格)に則った粒径分布曲線ですが、表の右側の、5㎛以上の部分には記載がありません。つまり、それ以上のゴミ・異物は清浄空間に存在しないということになっているのです。しかし、そんなことは絶対にあり得ませんから！

『第1章』総まとめ

では、第1章「ゴミ・異物の本質を知ろう。」をまとめてみましょう。

まず大切なのは、もちろんゴミ・異物とは何なのか、どこからやって来るのかを知ること。そして、そのサイズによって振る舞い・挙動が大きく異なることをしっかりと認識しましょう。**自工程の環境に当てはめて考えることが重要**です。

次に、見えないものを見えるようにすること。見える化、つまり**可視化することによって**、これまでゴミ・異物に対して鈍かった**作業者の感性が目覚めます**。ここが決め手になります。

実は、現在のクリーンルーム環境において対象とされるような微粒子領域では、多くの場合にゴミ・異物不良が起きないこともご説明しました。もっと大きい10～100㎛といった粗大粒子領域でこそ不良につながるのだということを、改めて認識してください。そして、この領域が、見える化のもっとも得意としている粒径で、大きな効果が期待できることも覚えておきましょう。

見える化の手段は2つ。チンダル現象の利用と暗視野照明法です。対象となる場所や状況で方法を使い分けると、より効果のある取り組みにつながりますよ。

見える→認識しようとする→認識できるようになる。このロジックで、現場の問題の本質、ゴミ・

異物不良を起こしている原因を、現場の作業者が掴めるようになるんです。見えることは、ものづくり工程において、非常に有益で重要なことなんですね。さらに自工程の現状が確実に把握できれば、**新しい良い情報や予期せぬ残念で悪い情報も敏感にキャッチできる**ようになるはずです。

こうしたことが、第1章の表題である「ゴミ・異物の本質を知る」につながってきます。**本質を知ることは、ゴミ・異物の見える化から始まる**——このことをしっかりと認識しましょう。本質が掴めれば、間違いなくゴミ・異物対策は上手くいきます。

そしてこうした取り組みが、結果として、生産性の向上につながっていきます。苦労も多いと思いますが、**間違いなく達成感を得られ、結果につながる喜びを感じることができる**でしょう。

是非、皆さんの職場でもゴミ・異物を見える化し、現場責任者だけでなく**作業者全員で**ゴミ・異物不良の本質を知り、理解して、ゴミ・異物不良発生の無い環境構築を実現してください!

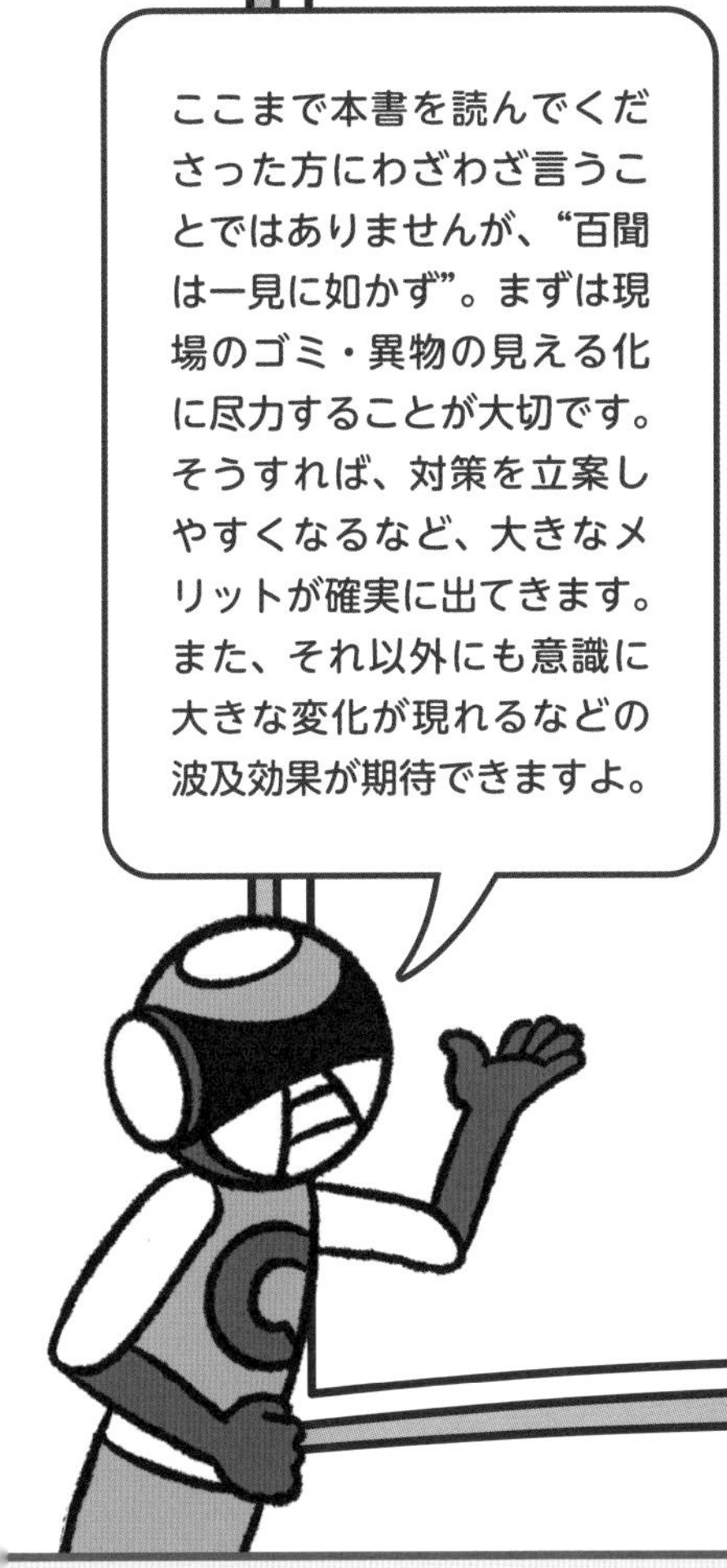
ここまで本書を読んでくださった方にわざわざ言うことではありませんが、“百聞は一見に如かず”。まずは現場のゴミ・異物の見える化に尽力することが大切です。そうすれば、対策を立案しやすくなるなど、大きなメリットが確実に出てきます。また、それ以外にも意識に大きな変化が現れるなどの波及効果が期待できますよ。

Special Column 2

ゴミ・異物対策にまつわる数の単位のお勉強

「清浄」はゼロが22個って何のこと？

単位	読み方	大きさ(漢数詞)	大きさ(割合)	数・語の意味・備考
(割)	(わり)		10^{-1}	0. 1
分	ぶ	10^{-1}	10^{-2}	0. 01
厘	りん	10^{-2}	10^{-3}	0. 001
毛	もう	10^{-3}	10^{-4}	0. 0001
糸	し	10^{-4}	10^{-5}	0. 00001
忽	こつ	10^{-5}	10^{-6}	0. 000001
微	び	10^{-6}	10^{-7}	0. 0000001
繊	せん	10^{-7}	10^{-8}	0. 00000001
沙	しゃ	10^{-8}	10^{-9}	0. 000000001　砂，水辺の砂
塵	じん	10^{-9}	10^{-10}	0. 0000000001　チリのように小さいもの
埃	あい	10^{-10}	10^{-11}	0. 00000000001
渺	びょう	10^{-11}	10^{-12}	0. 000000000001
漠	ばく	10^{-12}	10^{-13}	0. 0000000000001
模糊	もこ	10^{-13}	10^{-14}	0. 00000000000001
逡巡	しゅんじゅん	10^{-14}	10^{-15}	0. 000000000000001
須臾	しゅゆ	10^{-15}	10^{-16}	またたきをし，いきをする間
瞬息	しゅんそく	10^{-16}	10^{-17}	
弾指	だんし	10^{-17}	10^{-18}	曲げた指の爪の先を親指の腹にあてて音を立てること
刹那	せつな	10^{-18}	10^{-19}	短い時間
六徳	りっとく	10^{-19}	10^{-20}	知・仁・聖・義・忠・和 または 礼・仁・信・義・勇・知
空虚	くうきょ	10^{-20}	10^{-21}	虚(10^{-20})，空(10^{-21})と分ける説もある
清浄	せいじょう	10^{-21}	10^{-22}	清(10^{-22})，浄(10^{-23})と分ける説もある

出典：『塵劫記』（江戸時代前期の和算家・吉田光由 (1598 ～ 1672) が、寛永４年に出版した江戸時代初期の通俗算学書）

　小数点以下の単位をどこまで知っていますか？ 何割・何分・何厘・何毛など、野球に詳しくない方でも、このくらいまでなら聞いたことがある人も多いのではないでしょうか。

　ですが、クリーン化の話に出てくるのはもっと微小な数の単位になります。例えば微粒子の「微」という単位は0.000001を表しています。つまり100万分の1の単位ということです。また、その他にもクリーン環境には大敵な「塵」や「埃」という単位もあります。「塵」は10億分の1の単位で0.000000001を表し、「埃」は0.0000000001で100億分の1の単位を表しています。

　また、皆さんが目指している清浄環境の「清浄」も「しょうじょう」という読み方で単位になっていますが、この単位は驚くことに0.0000000000000000000001で0の合計はなんと22個もあり、小数点以下に21個の0があるんです！ ここまでくると何分の1と表していいか分からないですが、とても小さいということは伝わると思います。「清浄」のように、どんなに小さなものも見逃してはいけないという気持ちで、清浄化やクリーン化に取り組んでみたらどうでしょうか。

第2章

気流をてなずける知恵、授けます。

「気流」とは、温度や地形・形状の変化によって大気中に起こる空気の流れや、室内における空気の流れ。現場の中でこれを自分の思い通りに動かせれば、それに乗せてゴミ・異物の排除が可能です。「気流を制する者はゴミ・異物を制す」。その技術を伝授しましょう。

てなずける（て・なず・ける【手懐ける】ーナヅケル）
●うまく扱って、自分になつくようにする。「猛獣を一」
●うまく扱って、味方に引き入れる。慕わせて自分の手下にする。「部下を一」

“てなずける”ということは、イヌやネコであれば様々な性格の子を自分になつくようにしてしまうということ。でも一方で、イヌであればこう、ネコならこうというような特徴があるように、まずは空気がどんなものかをしっかり学び直すことが大切だよ！ その上で、てなずけたい（気流で操作したい）空気がどのような性質かを明確に見極め、実践できれば、ゴミ・異物不良ゼロだって決して夢ではないんだ！

1 てなずける空気とは？ 気流とは？

知って得する空気の雑学

まず知っておきたいのは空気のこと、気流のこと。第2章はそこからはじめましょう。てなずけるべき対象となる空気や気流とはどんなものなのか。少し踏み込んで考えてみます。

空気の質量は1・293g／ℓです。いつも私たちの体の周囲を覆っているので、重みを感じたことなどないと思いますが、実は1ℓで約1・2gもあるんです。意外と重いと思いませんか？ そして、この事実こそが、作業環境に色々と影響を与えることになります。

大気圧は1033g／㎠ですから、1気圧は1・033kgf／㎠。日常生活の中では、空気の重さとか圧力を意識することはまずありませんが、実はゴミ・異物対策では、空気の質量を知ることは基礎知識として重要です。

空気は冷やすと収縮して重くなります。反対に加熱すれば膨張して軽くなり、上昇しようとします。この上昇しようとする力が気流になるのです。そして、その気流に誘発されて、ゴミ・異物は室内に拡散していくことになります。

これを現場に当てはめてみましょう。生産環境には加熱装置や熱を伴う工程が数多くありますから、その周囲では気流が発生し、異物が拡散しやすくなる訳です。

次に、空気の構成について考えてみましょう。私たちは常に空気を吸って呼吸をしています。身体に酸素を取り込むためですが、実は酸素は空気中のわずか21％。その他の大部分、78％が窒素です。他にはアルゴン0・93％、二酸化炭素0・032％、その他の気体0・038％。これが空気を構成する全要素です。

人間の1日の呼吸量は約1万4400ℓ。これは概ね、4畳半の部屋の容積と同じです。一回の呼吸で約0・5ℓの空気を

知っておきたい空気の基礎知識

気流とは ⇒ 気体の流れ

気体とは ⇒ 空気を指します

生産環境(クリーンルーム)では**空気の流れ**が**気流**

空気の質量 ⇒ 1.293g/ℓ

大気圧 1033g/㎠

1気圧は 1.033kgf/㎠

空気って、意外と重いんです!

なので

地表では**1**㎠あたり、およそ**1**㎏の**圧力**が**加**わっています

私たちの周りには常に空気があります。「空気のような存在」という言葉もある通り、その存在を体感するのは難しいものです。ですが、数値として表されると空気は意外と重いのが分かると思います。
このようにして、空気の存在を意識することができれば、ゴミ・異物をてなずけることは決して難しいことではありません！

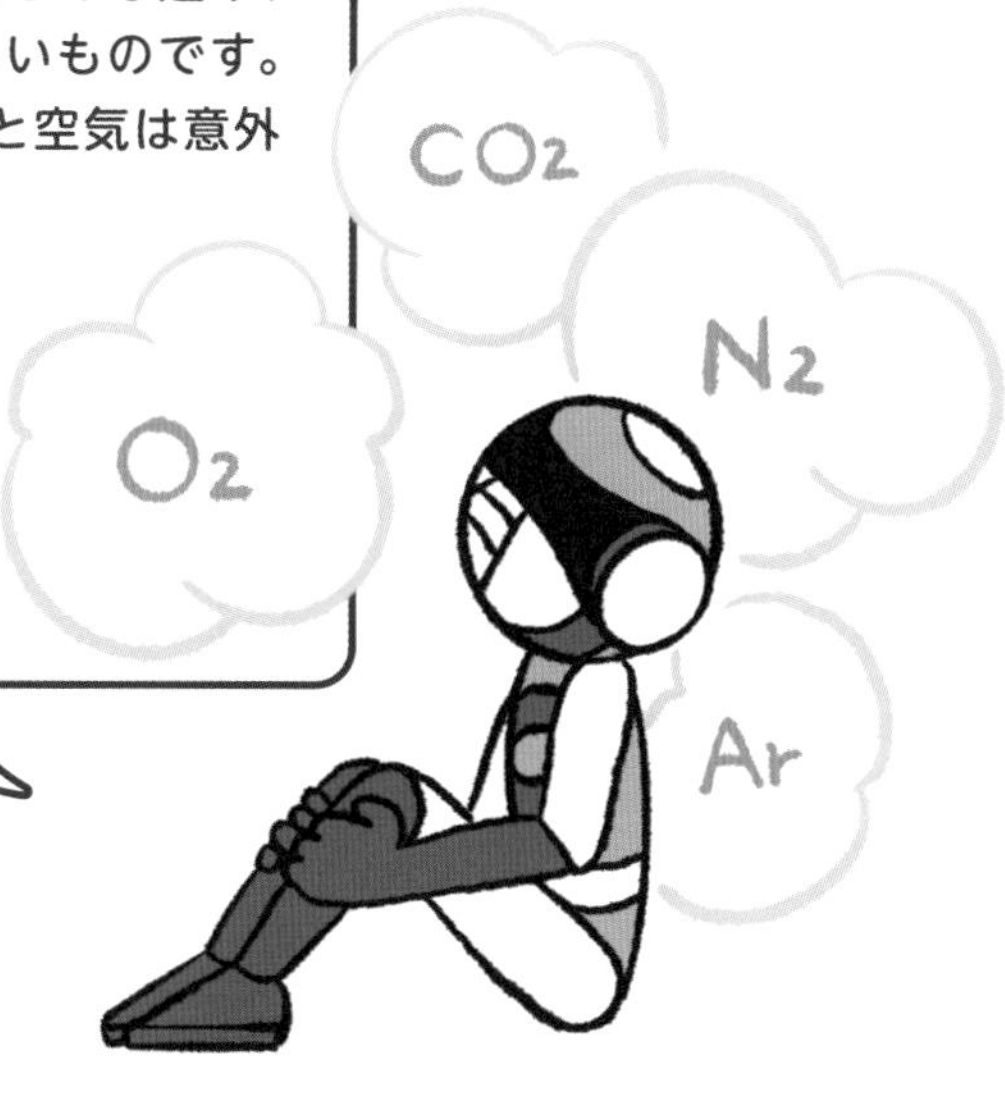

毎日呼吸している空気の組成と量

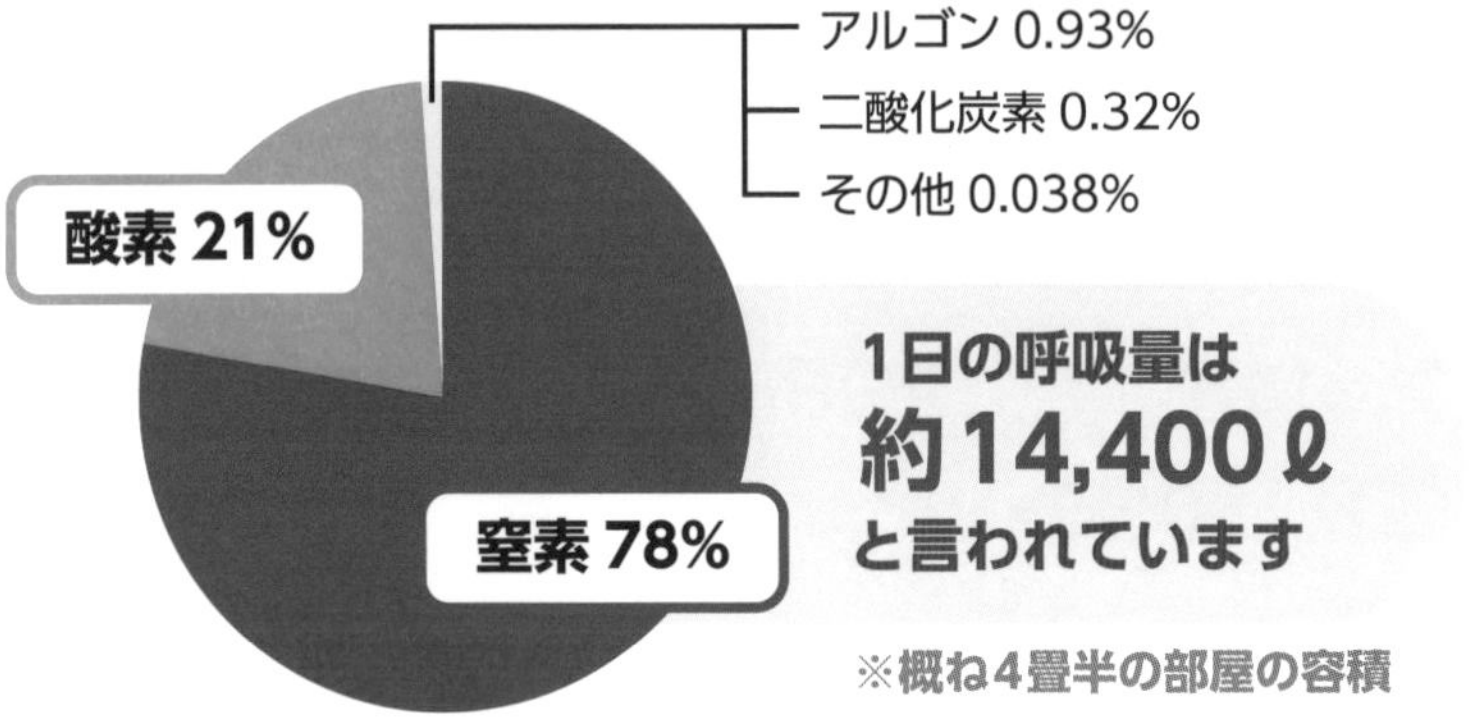
アルゴン 0.93%
二酸化炭素 0.32%
その他 0.038%
酸素 21%
窒素 78%
1日の呼吸量は
約 14,400 ℓ
と言われています
※概ね4畳半の部屋の容積

人間は１日に驚くほど大量の空気を吸っているんですよ。
その量はなんと、１ℓの牛乳パックで数えると約 15,000 本分にもなるんです！

吸うものとし、1分間に約20回呼吸すると仮定した際の数字です。

作業者の勤務時間を1日8時間とし、ずっと現場にいると仮定すると、その3分の1に当たる約4800ℓの、体温と同じ温度の呼気を排出します。それだけで空気の組成が変化し、さらに体熱の放出と相まって室内温度が変化します。

ゴミ・異物の拡散は、人（作業者）や製品への付着と落下や静電気、そしてこの章で紐解く気流の影響によることがほとんど。さらに作業者は、製造などの作業によって動きます。動けば、当然ながら周囲の気流は乱れますよね。

つまり作業者は、動作によってだけでなく、実は自分が息をするだけでもゴミ・異物の発生原因になってしまうのです。現場ではそれをしっかりと認識し、細心の注意を払って行動するようにしてください。

空気は暖めると**膨張**する　▶　見かけ上は軽くなり上昇気流が発生する

1787年に、フランスの物理学者・数学者ジャック・シャルルが「圧力が一定のとき、理想気体の体積は絶対温度に比例する」ことを発見したんだ。それが「シャルルの法則」と呼ばれているのは知ってるよね。ちなみに絶対温度＝摂氏温度＋273.15。これで現場の空気のおおよその熱膨張率が分かるよ。

空気
体積：15
重さ：10
暖める
空気
体積：10
重さ：10
冷やす
体積：5
重さ：10
空気

寒くなると、空気の大きさは半分近くにまでなってしまいますが、重さは同じままです。暑い時も同様で、膨張して大きくなりますが、重さは変わりません。ですので、“軽くなった空気”とは、同じ重さのまま体積が大きくなった空気のことを指します。

空気は冷やすと**収縮**する　▶　見かけ上は重くなり下降気流が発生する

知って得する気流の雑学

通常、ゴミ・異物は重力の影響で落下・降下し、あらゆる場所へ徐々に堆積しはじめます。しかし、一度落下・降下して堆積したゴミ・異物も、何らかのきっかけで気流が発生すると再浮遊します。

そうして浮遊したゴミ・異物は気流に乗り、浮遊塵となって伝播・拡散します。浮遊していたゴミ・異物はまた、時間の経過とともに付着や落下することになり、異物不良発生の要因となっていきます。

かくして、この異物伝播経路が永遠に繰り返されることになってしまうのです。

さて、そんな気流には、①気圧の高いところから低いところへ流れる、②温度の高いところから低いところへ流れる、③物が動くと発生する、④気流同士が影響し合い、新しい流れを作る、という性質があります。

大気圧中の空気による気流は、気圧の高いところから低いところへ流れます。よく天気図で目にする、気圧配置がもたらす風の発生と同じ原理ですね。そして気流は、気圧と表裏一体の事象を生み出します。つまり、気圧差によって気流が発生することになる訳です。

実は、現場で重要な室間差圧も同じ原理による現象。それについては後ほど詳しくご説明します。

気流の性質とは…

- 気圧の高いところから低いところへ
- 温度の高いところから低いところへ
- 物が動くと発生
- 気流同士が影響し、新たな流れが発生

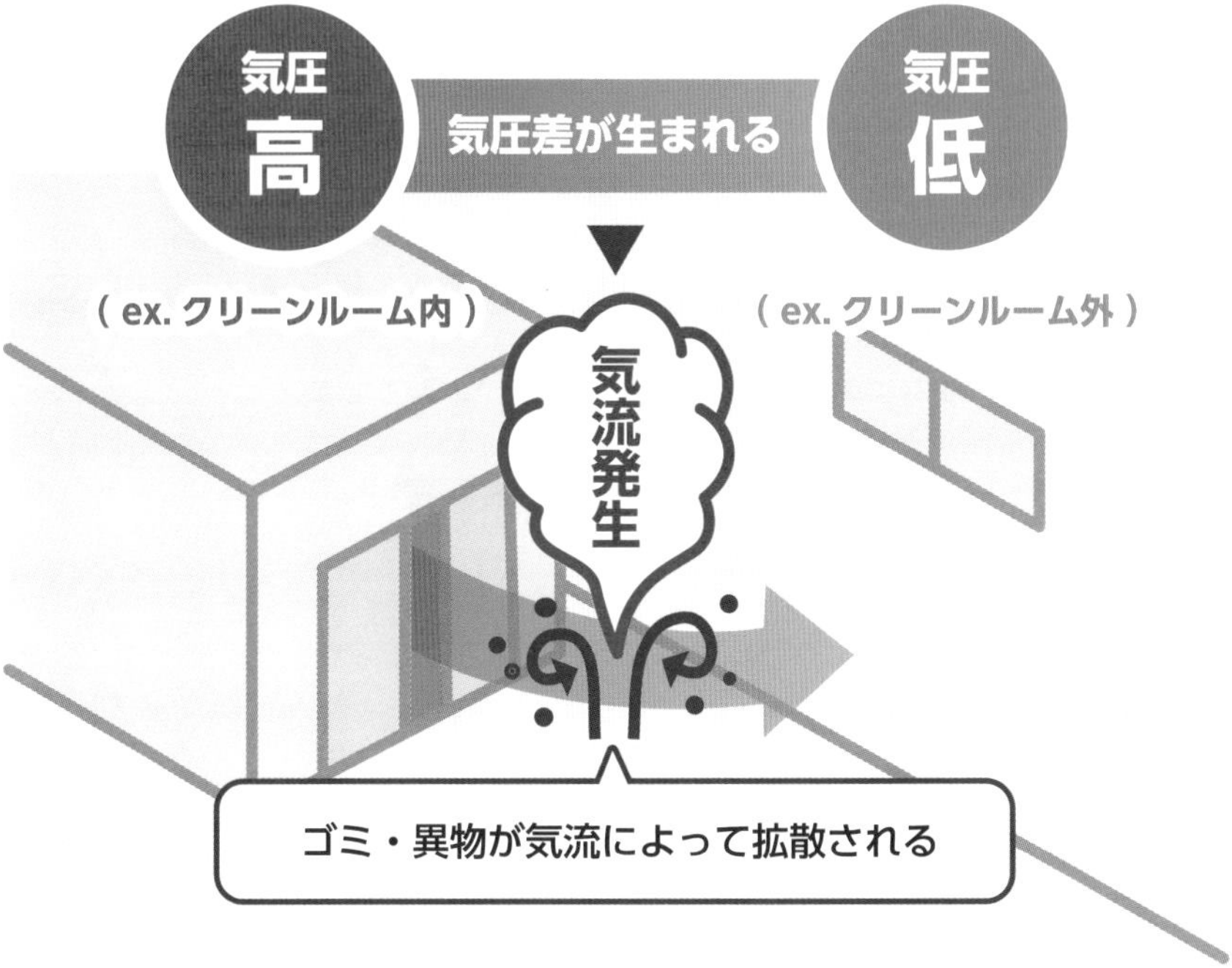
気圧
高
気圧差が生まれる
気圧
低
(ex. クリーンルーム内)
(ex. クリーンルーム外)
気流発生
ゴミ・異物が気流によって拡散される

大前提として頭に入れておいてほしいのは、空気は気圧が高いところから低いところへ流れるということです。つまり空気は、圧力差だけで動き出し、ゴミ・異物の拡散原因である気流になるということですが、厄介なことだけではないんです。室内環境では、後述する“疑似正圧”など、局所クリーン環境を構築する際に活用できるメリットがあるため、いかに気流をてなずけるか――。それがとても重要です！

かくして異物は運ばれり（伝播経路の話）

異物の伝播経路

人や製品、落下や静電気、そして気流

目に見えないからこそ分かりにくく、見つけにくい

気流をてなずけ、制御するポイントはここにあり！

ゴミ・異物不良が発生するという状態は、ゴミ・異物が伝播・移動・拡散し、製品や製造工程に侵入することから始まります。ゴミ・異物がどのように広がっていくのか――その伝播経路について考えてみましょう。

伝播とは、「伝わり広まること。広く伝わること」。つまり、広く拡散することを意味します。文明や文化なら広く伝わり広まるのは良いことですが、それがゴミ・異物では、現場でなくても迷惑な話ですよね。ちなみにこのゴミ・異物の伝播経路とは、人（作業者）や製品への付着と落下、静電気、そしてこの章で紐解く気流の影響によることがほとんどです。

気流は目には見えませんから、伝播の原因として分かりにくく、またその経路を特定しにくいため、見つけづらいのが難点です。ここに、気流をてなずけること、制御することの重要性があります。

それを踏まえて、現場を思い浮かべてみてください。作業や工程の中で発生したゴミ・異物は、重力や気流・静電気などの影響を受けて、色々な場所に拡散し、付着します。特に静電気帯電は、異物自体や生産設備表面などに大きく影響を及ぼすことがあるので、細心の注意が必要。「そういえば、あの機械の周辺が怪しいな」……などなど、思い当たる場所があるのではないでしょうか？

異物の伝播経路イメージ

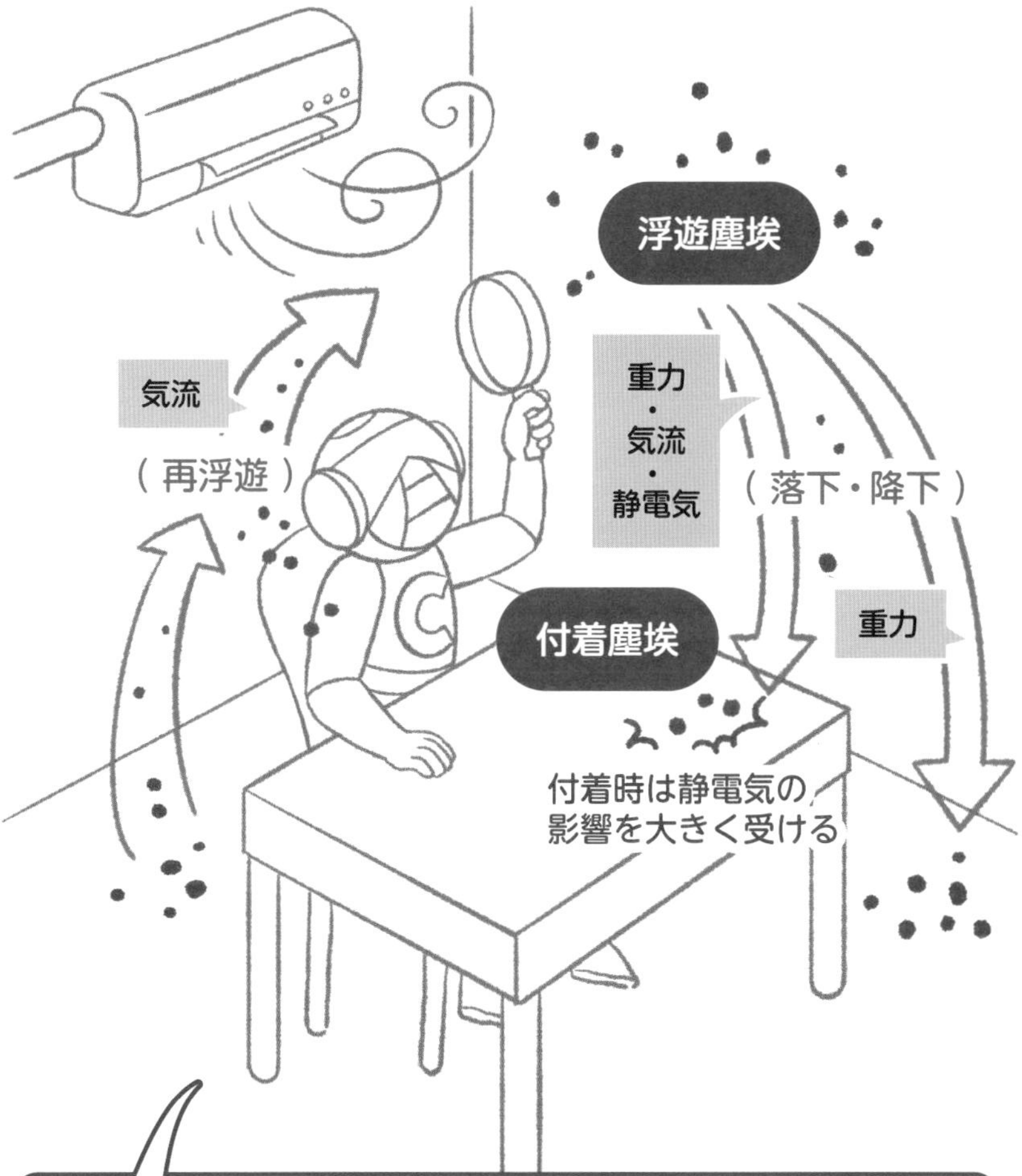
浮遊塵埃
気流
（再浮遊）
重力
・
気流
・
静電気
（落下・降下）
付着塵埃
重力
付着時は静電気の
影響を大きく受ける

こうして図にしてみると、ゴミ・異物がいかに色々な形で広がっていくかが分かるよね。ここではゴミ・異物は同じ形をしているけど、大きさや重さ、形が違うだけで挙動は変わるし、影響を及ぼす静電気や気流の強さだっていつも同じ訳ではないよ。だから、伝播の仕方や経路は無限にあるということを肝に銘じておこう！

室間差圧って何ですか？

今までご説明してきた気圧は、もちろん建物の室内にも存在します。しかし室内では、密閉度にもよりますが、必ずしも大気圧と同一にはなりません。その室内独自の気圧を室圧と呼び、私たちがコントロールすることで、室内外の気圧差を発生させることが可能です。このように、隣接する室同士に気圧差が生じた際の差圧を、室間差圧と呼びます。

室内の空気圧が外の空気より高い状態を正圧と言います。その状態では、室内の空気はドアなどの隙間から流れ出るため、室内の汚染は進行しません。しかし、逆に外の空気より室内の空気の圧力が低い状態を指す負圧ならば、至る所から外部の汚染空気が室内に侵入することになります。これが現場なら、クリーンルーム内に汚染空気が流れ込むことで、間違いなく不良発生の要因になってしまいますので注意が必要です。

それらを踏まえて、室間差圧による汚染制御と環境管理に目を向け、クリーンルーム環境における生産工程の、室間差圧による汚染制御と環境管理を考えてみましょう。

一般的に、クリーンルームのクリーンゾーンは、経済的・技術的および運用上などの理由から、より低いレベルの清浄度クラスゾーンで取り囲まれています。そして、そのエリアごとに貝殻の様なシェル構造で仕切り、閉鎖的圧力差を付けることによって、より高い清浄度が要求される作業エリアを効率良く環境構築することになります。

その際には、エリア内工程で一番清浄度が要求されるエリアを一番高い圧力（室間差圧）になるように管理します。一般的なレイアウトでは、一番奥のエリアがもっとも高い気圧になるはずです（左ページ上図参照）。

清浄度が要求されるエリアをクリーンルーム化し、高い圧力（室間差圧が発生している状態）になるように管理する訳ですが、万が一にも差圧が逆転し、周辺の空気が侵入することがないように、室圧を常時監視する体制を整えることが必要です。

室間差圧による汚染制御 / 環境管理

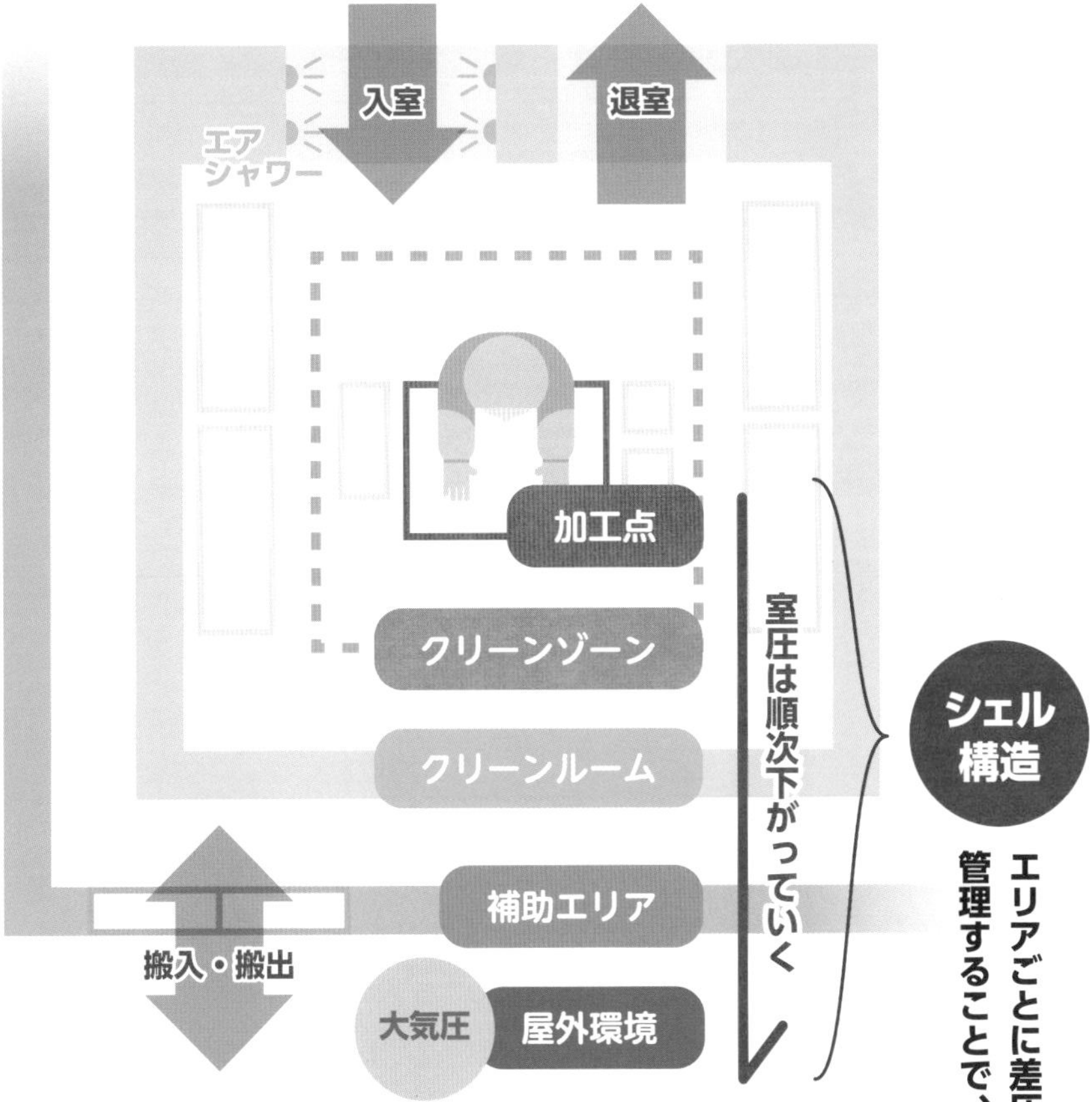
入室
退室
エア
シャワー
加工点
クリーンゾーン
クリーンルーム
補助エリア
搬入・搬出
大気圧
屋外環境
室圧は順次下がっていく
シェル
構造
エリアごとに差圧を設け、各々の室圧を管理することで、汚染防止が可能です。

室間差圧の数値化管理には、後ほど詳しく説明しますが、マノメーター（圧力計）を用いることがオススメです。任意に設定した数値で警報を発するマノメーターであれば、常に適切な室内圧力を監視することが可能になります。

気流を見える化してみよう！

室間差圧の確認事例

気流可視化装置による確認

正圧：正常状態 ○　　負圧：逆流 異常状態 ✕

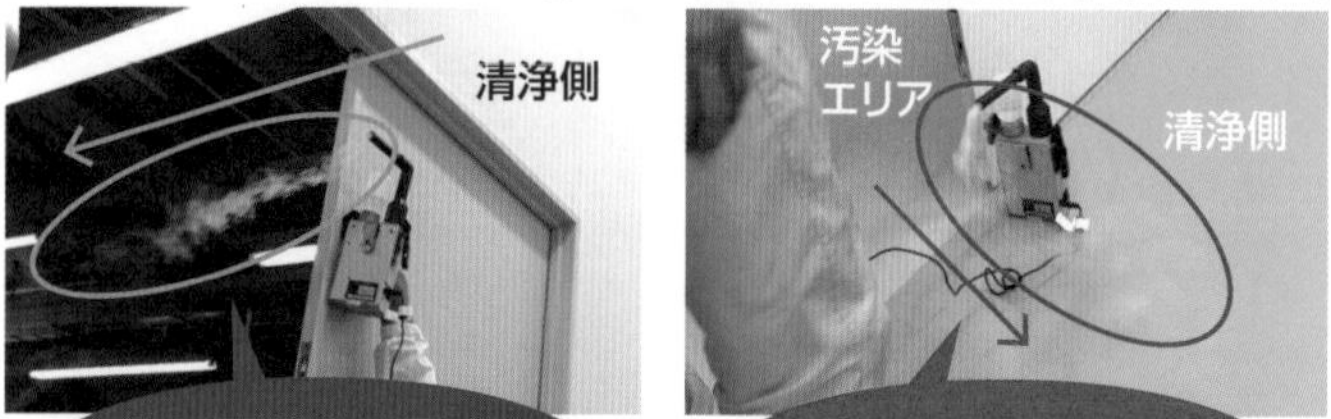
清浄側
汚染エリア
清浄側
気流可視化装置での正圧確認状況：正圧成分が外に向かっています
負圧だと汚染空気が流入してしまいます

気流の発生が、現場でのゴミ・異物不良につながることは既にお伝えしてきました。では、それを防ぐための気流調査には、何が有効でしょうか？ズバリ、気流そのものの可視化です。自身の目で見ることができれば対策のしようがあります。それには、気流可視化装置が効果を発揮してくれるでしょう。

一般的な気流可視化装置は、超純水を超音波で直径0・5~2μm程度のミストに変え、それをトレーサーとして気流を確認したい場所に放出することで気流を可視化しています。高額になりますが、液体窒素の冷気によって空気中の水分を凍らせて、トレーサーとする方式もあります。線香やタバコの煙を使う方法もありますが、ゴミ・異物を嫌う生産環境ではそれ自体が汚染源となってしまうので、お勧めできません。簡易的な方法としては、絹糸やポリエステルの長繊維を使った吹き流しで空気の流れを確認する「タフト法」があります。部屋の界面部分上部に設置して、室間差圧が逆転していないかを常時目で確認できます。

なお、クリーンルームが1枚ドアの場合は、非常時以外は絶対に開けないこと。正圧が維持できず、汚染空気が侵入する原因になります。

気流可視化装置あれこれ

三次元超音波風向風速計は、超音波を使って気流を可視化します。写真は「WA-790型（NCC）」。

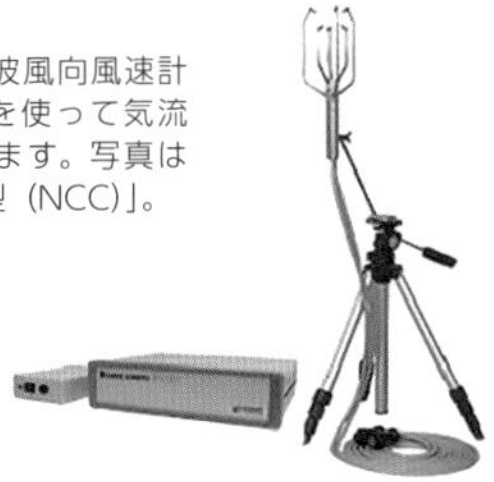

持ち運び可能な、コンパクトな気流可視化装置もあります。写真は「AVIS エイヴィス（NCC）」。

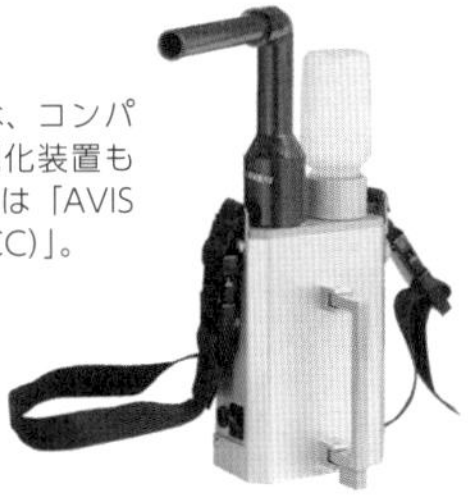

純水による微細なミストで気流を可視化するミストトレーサー。写真は「エアーフローチェッカー AFC-15（NCC）」。

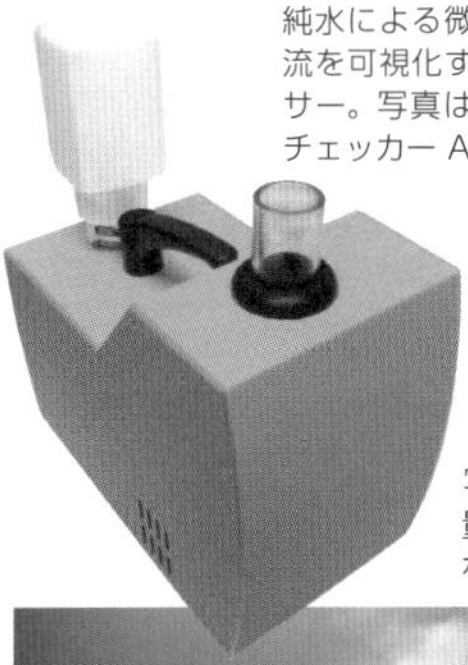

写真のように、大量のミストで気流を可視化します。

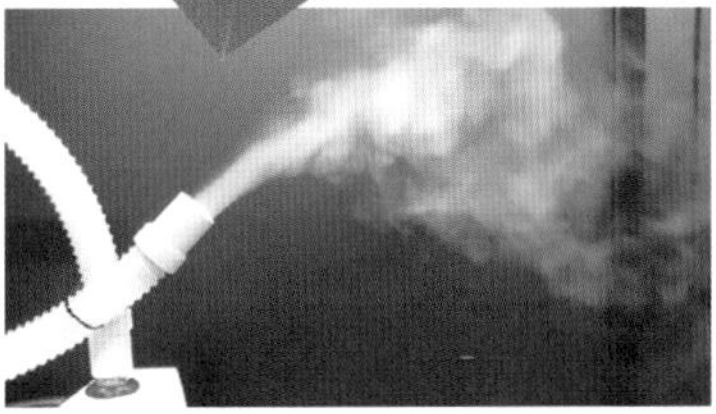

ボクが持っているタフトを使ったタフト法を含め、ここに挙げた装置や可視化の方法はほんの一部。もちろん現場環境によって合う、合わないがあるだろうし、コストの問題も無視できないよね。その現場で何がベストな可視化の方法なのか、明確にしてみてね。

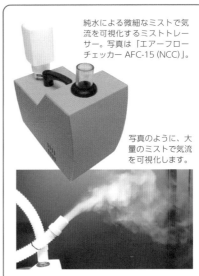

気流をてなずけるための〈JIS B9919 クリーンルームの設計・施工及びスタートアップ〉

ここまで、ゴミ・異物を運んでしまう空気、そして気流とは何なのかをお話ししてきました。さらに、現場では気流をてなずけることが大事であることも。日本には、JIS＝日本産業規格の中に、そんな気流をてなずけ、制御するための〈JIS B9919 クリーンルームの設計・施工及びスタートアップ〉が定められています。

この規格は、クリーンルームの性能を規定し、その使用方法などを多岐にわたって網羅しているもの。その一部に、クリーンルーム内で汚染を防止するための気流や室圧制御の方法が規定されています。

一般的に、クリーンルームは隔壁で仕切られている訳ですが、仕切りを挟んでどちらかのゾーンが高い清浄度を要求する場合、相互に汚染を防止するためにはゾーン間で気流や室圧を制御し、差圧を発生させる必要が生じます。

この規格には、そんな気流制御や差圧制御の3つの基本概念が規定されています。以下、それぞれの概念ごとに重要な箇所を抜粋してご紹介しましょう。

気流制御の概念

差圧が小さい場合、気流速度が0.2m/s以上で乱れの小さい“置換気流”を活用すると、清浄度の高いゾーンと隣接する清浄度の低いゾーンという区画分けができます。

出典：JISB9919 クリーンルームの設計・施工及びスタートアップ

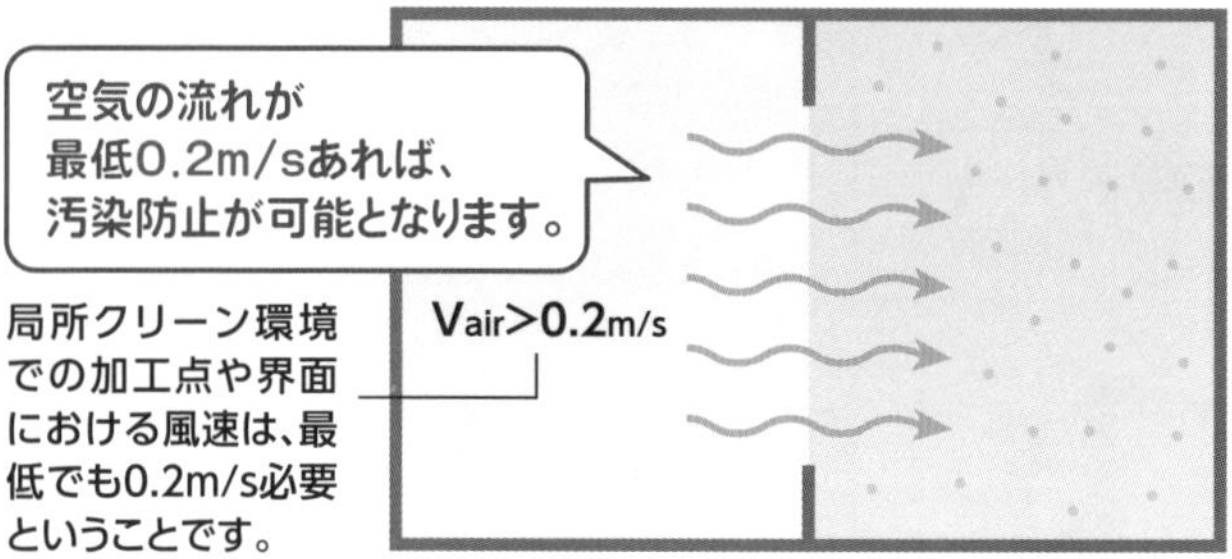
空気の流れが
最低0.2m/sあれば、
汚染防止が可能となります。
Vair>0.2m/s
局所クリーン環境での加工点や界面における風速は、最低でも0.2m/s必要ということです。

差圧制御の概念

清浄度の高いゾーンと低いゾーンの間にあるバリアには、差圧が生じています。隣接するゾーン間の高い差圧は制御が容易ですが、許容しにくい気流の乱れを避けるための注意が必要です。

出典：JISB9919 クリーンルームの設計・施工及びスタートアップ

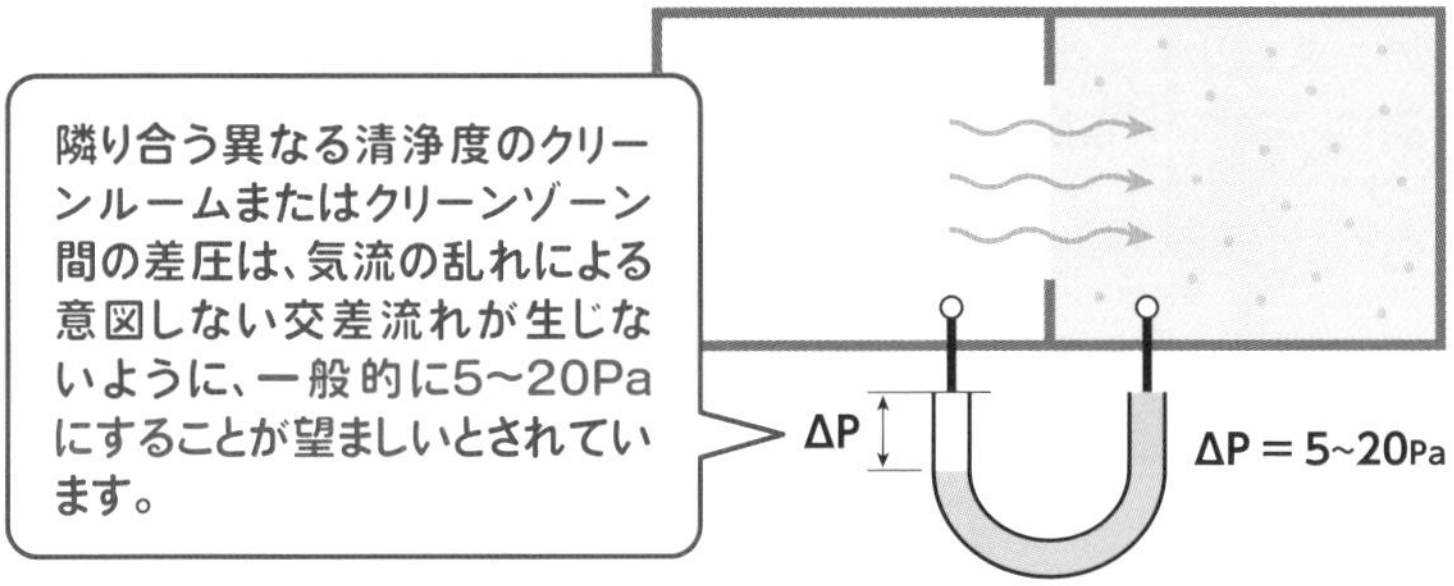
隣り合う異なる清浄度のクリーンルームまたはクリーンゾーン間の差圧は、気流の乱れによる意図しない交差流れが生じないように、一般的に5～20Paにすることが望ましいとされています。
ΔP
ΔP = 5~20Pa

①気流制御の概念（室間差圧が小さい場合の制御方法）

ＪＩＳでは、室間で０・２ｍ／秒以上の流速によって汚染防止が可能になるとしています。但し、ある程度以上の流量が必要です。局所クリーン環境の構築などで推奨している、加工点および作業者方向の開口部の流速０・２ｍ／秒以上というのは、この数値が元になったもの。秒速０・２ｍと言われてもなかなかピンと来ないと思いますが、この速度は、例えるなら人間の眼にそっと風を感じる程度。クリーンルームの更衣室に入室する際、ドアはゆっくりと開けると思いますが、その時の開閉が起こした気流ではなく、眼が内部からの風を受けて乾燥し、ウルウルするようであれば、秒速０・２ｍ以上の気流が確保されており、室外からの汚染を食い止めていると判断して良いでしょう。

②差圧制御の概念（室間差圧が大きい場合の制御方法）

室間差圧とは、清浄度の高いゾーンと低いゾーンの間の隔壁に生じている差圧のこと。ここで言う差圧制御とは、扉の開閉時などでの汚染を防止するための差圧管理を指します。多くの場合は、マノメーターを設置して管理していると思います。差圧がマノメーターの規定値を下回る時は、高い清浄度が要求される生産環境が汚染される危険があるので、警報システムを導入すると良いでしょう。ＪＩＳでは、差圧を５～20 Paに制御することが相互の部屋において汚染防止につながるとしています。いずれにしても、気流の方向が逆転し、意図した気流の方向性が損なわれないよう、

物理的バリアの概念

3つの概念を組み合わせ、清浄空気を送る能動的システムは、より効果が高まります。

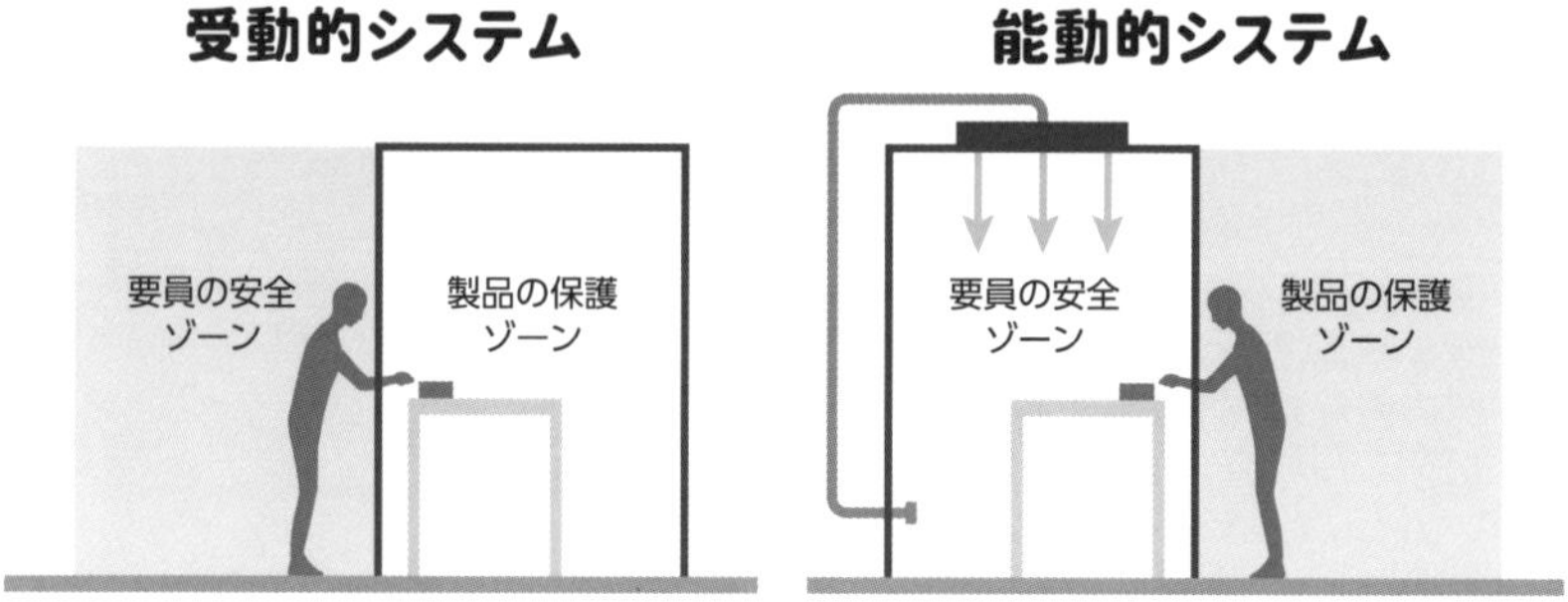
受動的システム
要員の安全ゾーン
製品の保護ゾーン
能動的システム
要員の安全ゾーン
製品の保護ゾーン

＊受動的とは他からの働きかけを受ける状態。すなわち、物理的バリアがあるだけ

＊能動的とは自分から他に働きかける状態。すなわち、気流で汚染防止を図ること

差圧を十分な値にするとともに、安定させることが重要です。

③物理的バリアの概念

この概念は、汚染物質が清浄度の低いゾーンから清浄なゾーンに移動しないよう、隔壁などでバリアをするというものです。クリーンルーム内におけるアイリッド（垂れ壁）や遮へい板の設置による汚染防止も含まれ、制電ビニールシートによる局所クリーン環境の構築などもこれに当たります。しかし、いずれも簡便な設備であるだけに、完全性が損なわれることがあるので日常の監視が重要になります。

JISでは、製品と作業者間には物理的バリアがあるだけという受動的システムと、バリアを挟んで製品側に清浄空気の流れを強制的に発生させて汚染防止を図るという能動的システム、2つの概念を提示しています。

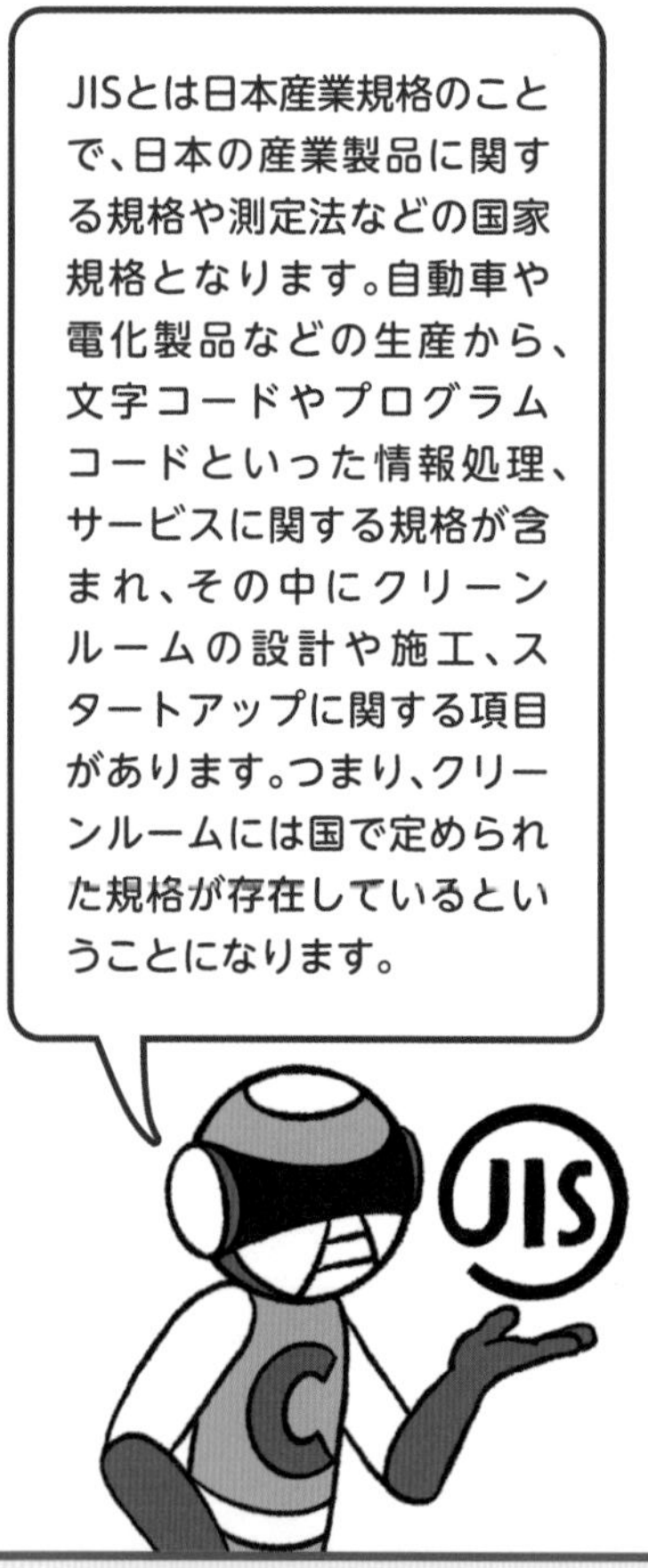
JISとは日本産業規格のことで、日本の産業製品に関する規格や測定法などの国家規格となります。自動車や電化製品などの生産から、文字コードやプログラムコードといった情報処理、サービスに関する規格が含まれ、その中にクリーンルームの設計や施工、スタートアップに関する項目があります。つまり、クリーンルームには国で定められた規格が存在しているということになります。
JIS
C

（参考文献 JIS B9919：2004）

Special Column 3

購入したての防塵靴や防塵衣が、工程では新品じゃないってどういうこと？

クリーニングを実施して、初めて新品と呼べるのです。

とある製造工程の現場を訪問した時のこと。とてもキレイな二次更衣室で防塵靴を手渡されました。しかし、なんとその靴の中には購入時に見かける型崩れ防止用の厚紙が！　私は思わず「エッ!?」と声を上げてしまいました。

気を使ってくれたのだとは思うのですが……それらの生産環境を想像してみてください！　靴も厚紙も、まず普通環境で作られていて、作業者はおそらく軍手や素手で作業しています。

つまり！　防塵衣や防塵靴には、購入時にはゴミ・異物が付着していると考えるべきです。工程使用時は、購入したままが新品なのではなく、それをクリーニングして初めて新品と呼べることを知っていただき、新品の概念を変えてほしいのです。

防塵衣や防塵靴を購入後は、必ずクリーンクリーニング（クリーン環境専門のクリーニング）を実施してください。メーカーにクリーニングを同時発注するという手もあります。しかし、管理番号の記入時などに汚染する場合もあるので、できればその後にクリーニングする方が良いでしょう。

“クリーニングを実施して、初めて新品”――それを肝に銘じてくださいね！

2 気流の性質についてのABC

熱を発生する機械装置には要注意！

ゴミ・異物を拡散させる気流の発生要因

1.熱を発生する機械や熱源を持つ機械

2.人（作業者）や物の動き

大気圧中の空気による気流は、温度の高いところから低いところに流れます。これは、温度が高くなると空気が膨張して密度が小さくなることから生じています。その結果、質量が軽くなって上昇気流が発生。室内外を問わず、上昇した空気は、その後冷やされながら本来の密度を取り戻し、温度の低い場所、多くの場合は下方へと流れていきます。その際、温められて膨張し、軽くなった空気は、上方の温度の低い空気を押しのけるように動きます。それに伴って、温度の低い空気も速度を増しながら移動し、拡散することになるのです。

ですから、もし現場に熱を発生するタイプの機械装置や熱源を有する機器などがある場合には、その周囲の空気は暖められて温度が上がり、上昇気流が発生することになりますから、注意が必要となります。ちなみに室内では、40℃前後という比較的低い温度でも上昇気流が発生します。そして、室内に残存していたゴミ・異物は、この上昇気流に乗って全方位に拡散してしまうことになるのです。

人や物が動くと気流が発生することも、先ほどご説明しました。人の

温度と気流の関係性

空気は温度が高いほど密度が小さく、軽くなります。
温度差による密度差によって空気駆動力が生まれ、上昇気流が発生します。

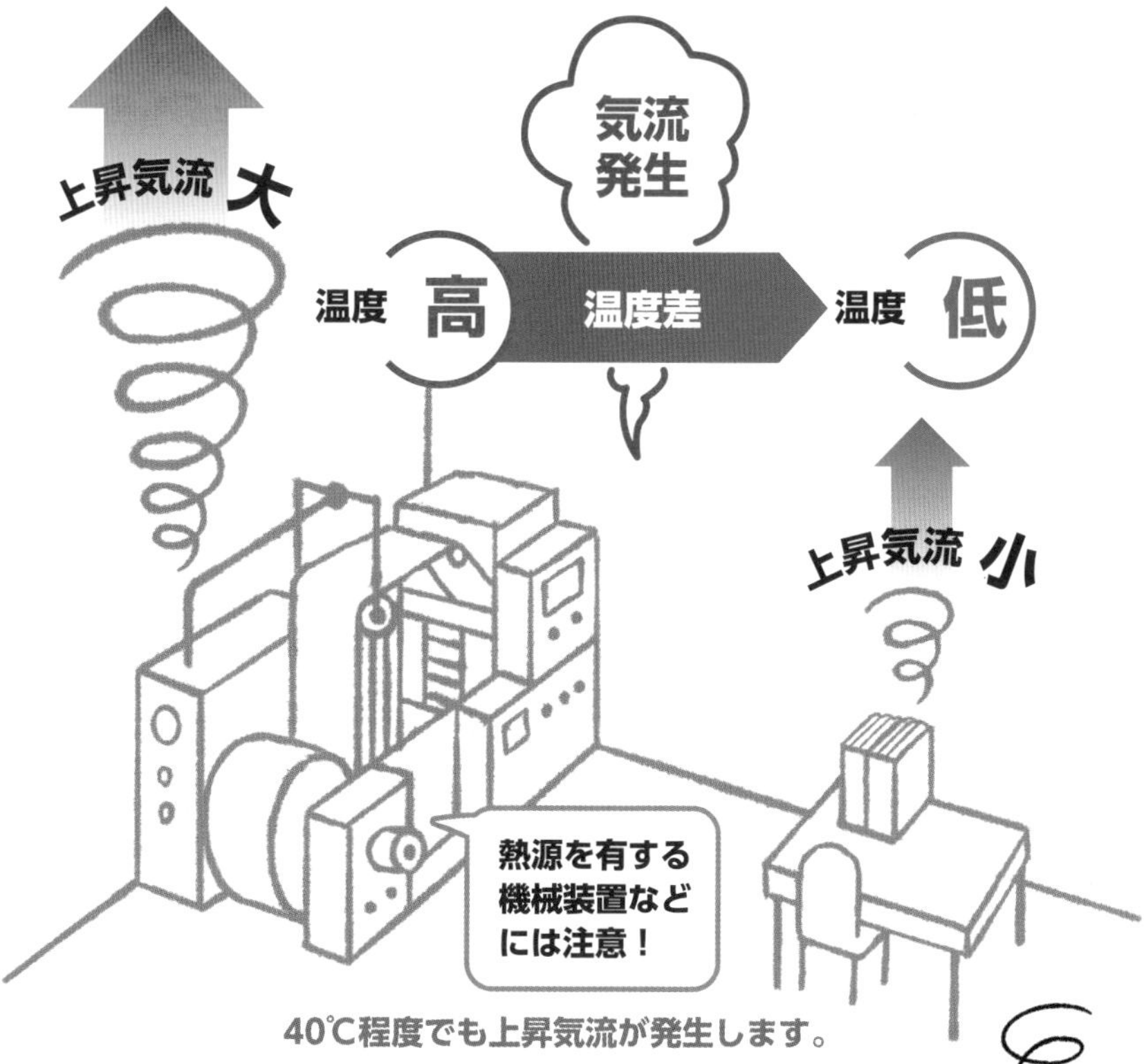
上昇気流 大
気流発生
温度 高
温度差
温度 低
上昇気流 小
熱源を有する機械装置などには注意！
40℃程度でも上昇気流が発生します。

現場環境に熱を発生する機器があれば、その周囲の空気は当然温度が高くなります。そして上昇気流が発生し、現場内のゴミ・異物がその気流により上昇し、熱源から離れます。そうすると今度は、冷えて下降する空気とともに四方へ拡散していくのです。ちなみに、熱源の温度が高ければ高いほど上昇気流は勢いが増し、大きいものになります。

整然とした現場でも、多くの機械設備が並び、動くだけではなく、熱源にもなる作業者もいると、複雑に絡みあった気流の発生は避けられません。ですので、気流に対して常に細心の注意を払いましょう。

動きについては、次項で詳しくご説明しますが、実は局所レベルで考えると、人＝作業者の手元でも気流は常に発生しており、その手の動きに合わせて流れの向きに変化が生じています。作業内容がルーティンに近いものであったとしても、それによって発生する気流は、厳密には千差万別。ひとつとして同じものはないといっても過言ではありません。

そうして発生した、方向や強さの異なるいくつもの気流は、気流同士でぶつかり合い、影響し合って、また新しい別の流れをつくることになります。製品にもっとも近い作業者の手元はもちろんですが、実は胸元や腹部の前でも気流が滞留しやすく、異物が排出されにくいので注意が必要です。かくして、複雑に絡み合った局所的な気流に、人や物が動く際のより大きな気流も加わって、これらがまた新たな悪影響、すなわち異物不良発生要因を生むことになってしまうのです。

眼で直接見ることができない空気の流れは、生産工程において多くのいたずらを仕掛けてきますから、十分な配慮が求められます。気流に細心の注意を払うべき理由はそこにあります。

気流の性質

物が動くと発生します。気流同士が影響し合い、新しい流れをつくります。

浮遊塵埃
新たな気流に乗って拡散
物が動くと気流が発生します。歩行スピードにも注意！
気流による再浮遊化
重力による落下・降下
付着塵埃

これは、気流に起因するゴミ・異物不良の負の連鎖を図式化したものだよ。これに作業者の行動や動作、異なる気流同士が影響し合って、ゴミ・異物は再浮遊を繰り返し、いつしか製品に付着してしまうんだ。かくして新たな不良を引き起こすという訳なんだね。

なぜ、ゆっくりと歩かなくてはいけないの？

〝クリーンルームの中での動作はゆっくりと〟というルールを設定している現場も多いと思います。でも、なぜゆっくり行動しなければいけないのでしょうか？

物の動きが気流の発生に影響することは、前項にてお伝えしました。これにはもちろん、人（作業者）の動作や歩行も含まれます。そして、実はそれらの速度の違いも気流発生の重要な要因となり得ます。

作業者はなぜ、ゆっくりと行動しなければならないのか――それは、気流の乱れが異物の拡散を誘発し、不良発生の要因となるからなんですね。急激な動作をすると気流に乱れが生じますので、クリーンルーム環境では、そうならないようにゆっくりとした行動・動作を心掛けなくてはなりません。

人の歩行を例にご説明しましょう。人の歩行速度は時速4㎞程度と言われていますが、ここでは分かりやすいように、それを時速3・6㎞＝3600mとします。1時間は60分、1分は60秒ですから、1時間は3600秒ということになります。時速3・6㎞＝3600m／hならば1m／秒となりますよね。

クリーンルーム内の清浄化システムにおける気流速度は、一般的には0・3～0・5m／秒程度です。ということは、人間の動作や移動速度の方が気流より圧倒的に速いので、空気の流れ（＝気流）を乱す原因となり、その結果、製品汚染の可能性が出てくる、ということなんです。

作業台上での組立作業などでの除給材時は、作業者の左右の腕の動作・動きはさらに速いはずで、その動きが空気の流れを乱すことになります。ですから、特に除給材時には、できる限り気流を意識した注意・対応が必要です。

でも、そんな気流の乱れの実態は、気流可視化装置で確認することができます。是非、ご活用ください。

歩行動作による床面堆積粒子の巻き上げ

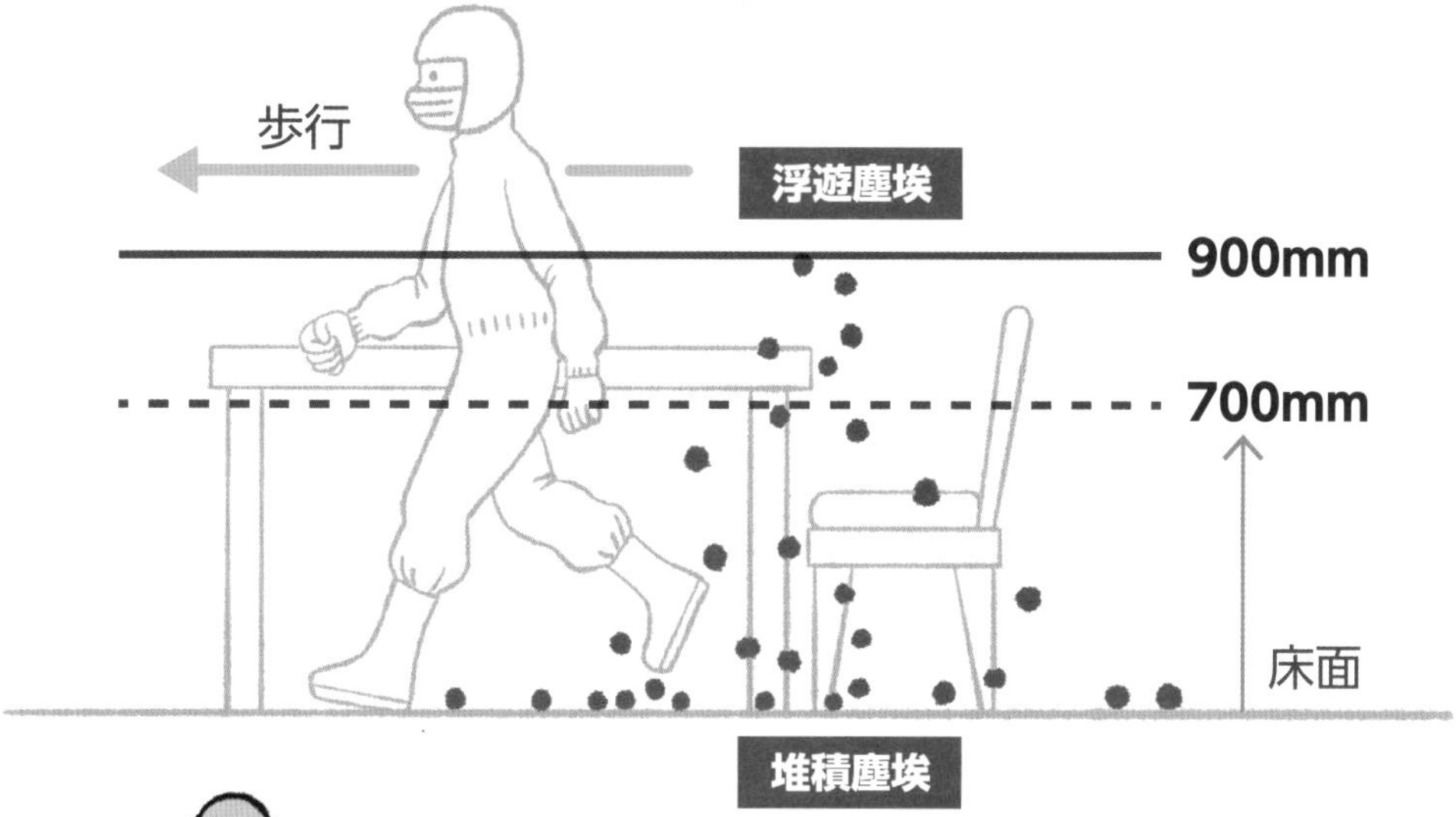
歩行
浮遊塵埃
900mm
700mm
床面
堆積塵埃

床に堆積塵が存在していると、
歩行によって、粗大粒子でも
作業台の高さである
700mm ～ 900mm まで
舞い上がってしまいます！
ご注意ください！

マノメーター（差圧計）と気流の話

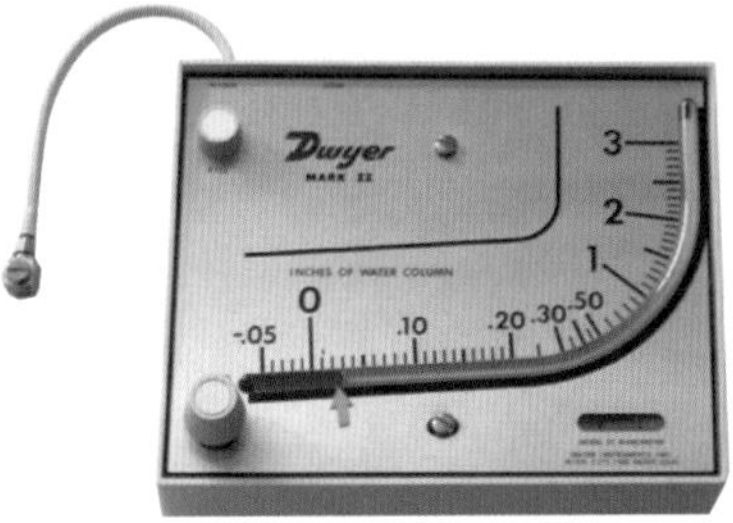
Dwyer
MARK II
INCHES OF WATER COLUMN
3
2
1
.50
.20
.30
.10
0
-.05

差圧は目には見えません。本来は自分の肌で感じて欲しいですが、難しいですよね…。ですので、マノメーターも取り付けて常に監視を怠らないことが重要です。

既にご説明している室間差圧。清浄度が要求されるエリアが正圧になるように、外部との差圧を管理してクリーンルーム化する訳ですが、エアシャワー室の扉を2枚同時に開放することなどによってそれが逆転し、負圧状態になって室外の空気がゴミ・異物とともに侵入してしまうようなことが、発生しないとも限りません。そんなことが起きてしまわぬように、室圧は常時監視することが重要です。

室間界面部に「吹き流し」を取り付け、気流を可視化することで簡易的に管理することもできますが、やはりきちんとした差圧計（マノメーター）を取り付け、しっかりと数値管理を行うことが理想です。差圧計は、ピエゾ抵抗素子をシリコンなどの薄膜に埋め込み、圧力がかかってたわんだ薄膜によって起こる抵抗変化を、電圧信号として取り出すという仕組み。接続された2本のチューブの1本を室内に、もう1本を室外に設置することで内外の圧力差が表示されます。

差圧計に下限値を設定し、それを下回った場合に警告が発報されるようにしておけば、有事の際に、工程で作業する作業者や管理・監督者に知らせることも可能です。

Special Column 4

エアシャワーのキチンとした使い方、伝授しましょう！
関所を通るには、それなりのシキタリで

現場、特に精密部品の工程で働く皆さんは、クリーンルームに入る際にエアシャワー、浴びますよね？　さて、そんなエアシャワーのお話。皆さんが浴びているエアシャワーによるゴミ・異物の除去率は、どのくらいだと思いますか？

もちろん100%だろう、なんて声が聞こえてきそうですが、残念!! そんなに除去できないんです。実験データでは、ざっくり見積もって粒子径10μm以下で35%程度、100μm以上で55%程度。なんと、半分しか除去できないんです。大きい異物の除去率は高いのですが、小さいサイズとなると……とにもかくにも、エアシャワーの除去率を過信しないようにしましょう。

二次更衣室内は清浄であってほしいところですが、実はホコリや異物が溜まりやすいエリア。だから、日頃から清掃を行き届かせ、舞い上がりによってゴミ・異物を防塵衣表面に付着させないことが何より重要です。

ちなみに、エアシャワーを浴びた後に粘着ローラーを掛けると、防塵衣表面の除塵率は飛躍的に上昇します。エアシャワーは、クリーン環境に入室する際の、いわば最後の関所。「クリーン環境に入るぞ！」という心と体の切り替えの場所にもなります。現場からゴミ・異物が発見されて、その原因を調べてみたら、実は自分自身が汚染源だった――なんてことにならないよう、くれぐれもご注意を！

3 気流の見える化について、しっかりと考えてみよう！

気流の見える化ってどうやるの？

ここまで、気流の把握の重要性をお伝えしてきました。本章では、そのために最も有効な気流の可視化について、詳しく紐解いていきましょう。

不良の根源であるゴミ・異物は空気の流れ、すなわち気流で運ばれ、拡散します。それは全方位、つまり360度方向で起こり得ます。こうしたことから気流の管理、空気の流れ=気流を可視化して見ることは、非常に重要だと言えます。

気流可視化装置の用途としては、①室圧・差圧（正/負）、排気量の確認、②加工点近傍の気流の乱れの状況把握（気流の回り込み調査、加工点汚染影響度の確認など）、③異物付着の原因調査・発塵源ポイントの追跡（気流ベクトルの確認と測定）、④クリーンルームなどの作業環境における気流の淀み領域や滞留域の検出確認、⑤熱上昇気流の有無やおおよその速さの確認、などが挙げられます。

そして、その見える化・測定の具体的な手法としては、タフト法、ミストトレース（純水ミストや液体窒素を使用。煙を利用する場合は、線香・タバコ等を使用）、微風速計（1m/秒以下の微風速に適用）、三次元超音波風向風速計、シミュレーションソフトを使用する方法などがあります。

詳しくは、それぞれの項でご説明しますが、タフト法は長繊維などで風向や風力を視認する方法、ミストトレースはその名の通り、純水などをミスト化しトレーサーとして使用する方法、微風速計は加熱された物体に風を吹き付け、風速値と熱放散量で計測する熱線式が多く使用されています。

三次元超音波風向風速計は、超音波の送受信センサーヘッド間を超音波パルスが伝播する所要時間で計測します。非常に

気流可視化の4つの方法

ミストトレース

純水のミストで風向・風速を視認します。イメージは、ボディの空力を調べる自動車の風洞実験映像。

タフト法

イメージは鯉のぼりや横風を知らせる道路脇の吹き流し。風にそよぐタフトで風向や風速を視認します。

三次元超音波風向風速計

最先端の可視化装置。気流を数値化して記録したり、モニター上で三次元的に可視化することが可能です。

微風速計

一般的なのは熱線式。加熱されたセンサーの温度を一定に保つために必要な電気に換算して計測します。

精密に空気の流れを捉えることができるだけでなく、風速0m／秒という無風状態、いわゆる0（ゼロ）が測定できる測定器で、同時に温度特性も精密に測定できるという利点も持っています。

　また、局所クリーン環境の構築やクリーンルームの気流の乱れなどを、机上で数値シミュレーションソフトを使用して可視化することもできます。実際の空間を作らなくとも設計数値を代入することで、気流がどのような軌跡を示すのか、たどるのかを、現場に居ずして知ることができるようになりました。

　新型コロナウイルスによる換気への対応などから、普通環境においても室内における気流可視化の重要性が認識されるようになり、スマートフォンのカメラとアプリを使用するような簡便なシステムも数多く登場していますし、専用のゴーグルなどを装着すると、気流をグラフィカルに映し出してくれる装置なども発表されています。

　いずれの場合も実際の空間データとは若干の乖離が発生してしまう可能性はあり得ますが、これらもまた有効な手段と言えますね。

見える化には気流を可視化する方法、直接測定する方法、数値を元にシミュレーションする方法があります。
いずれも長所や短所があるので、自身の職場に合う方法を見つけることをオススメいたします。当たり前ですが、データの蓄積から処理にかかる時間は各々の方法で大きく異なり、設備費用などを含めたコストも異なるため注意が必要です。

ミストトレースによる気流の可視化事例

クリーンベンチ界面部気流状態調査

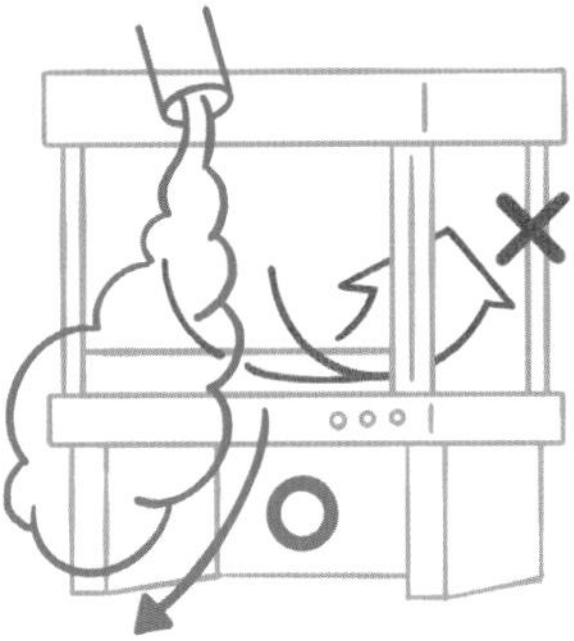

クリーンベンチ界面部における気流状態を可視化。例えクリーンルーム内に設置していてもチェックは大切です。

FFU気流検証

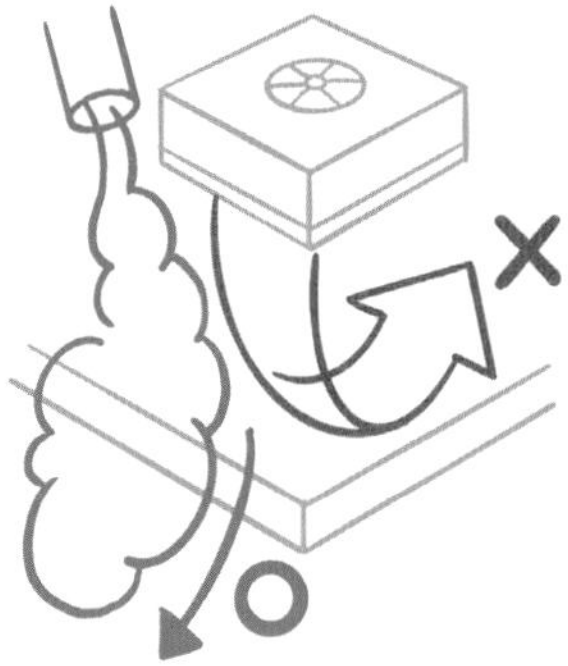

加工エリアから外へ流れる気流を確認する際には、ミストが加工点を避けるようにするのがポイントです。

グレーチング部上昇気流有無調査

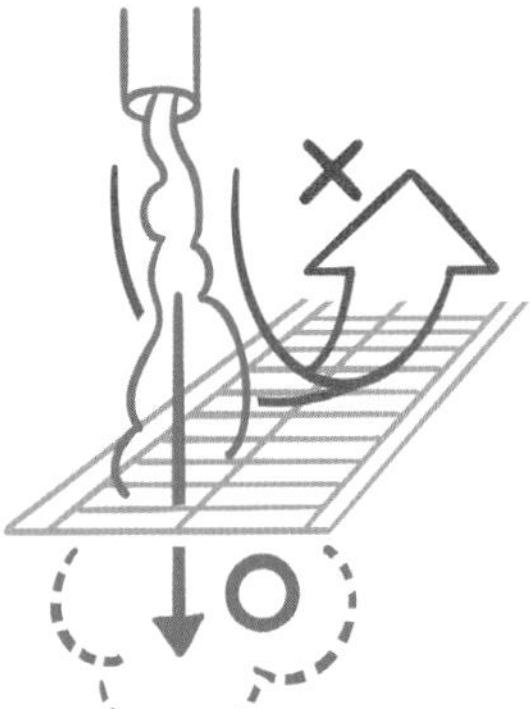

グレーチングフロアは、床にゴミ・異物が溜まりにくい反面、床下からの上昇気流が発生する可能性があります。

加工エリアから外へ流れる気流確認

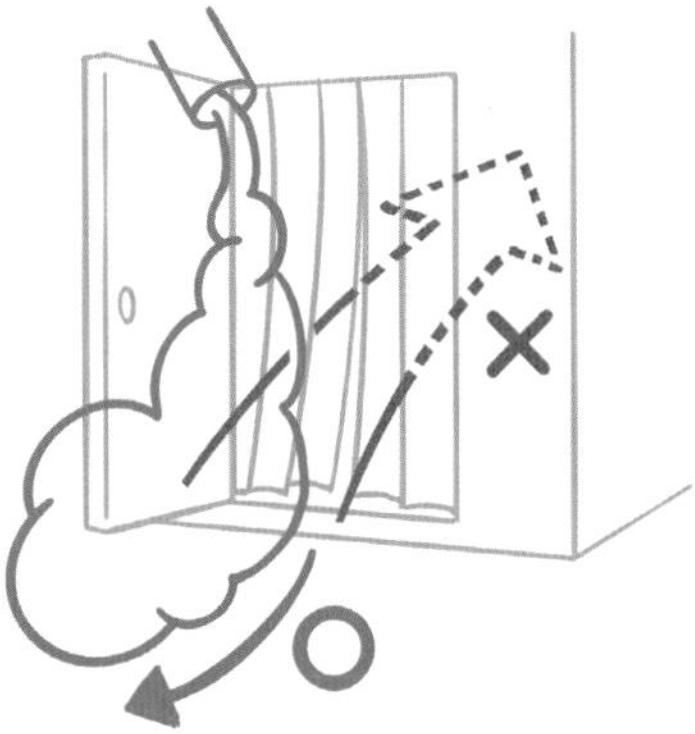

ビニールで囲われたクリーンルームから外へ流れ出る気流は、ゴミ・異物がしっかり排除されている合図です。

〈タフト法〉って何？

気流を見える化する方法のひとつ、「タフト法」。タフト（tuft）とは、毛や糸、鳥の羽などを束ねて房にしたもの、または雑草などの草の束を意味する英語で、タフトを使うこの方法は、古くから空中や水中の流れ方向の時間による変化を調べるために用いられてきました。

物の表面に短く切った糸などの長繊維を1本あるいは複数本、一定の間隔で貼り付け、気流に乗った糸の動きから流れ方向の時間による変化を調べる表面タフト法や、網のような格子状の器具の格子部分に糸を付けて流れの中に設置し、方向の変化を調べるタフトグリッド法など、様々な方法があります。

クリーンルームやクリーンエリアでは、絹糸やポリエステルの長繊維などを部屋の界面部分上部に常時設置して、室間差圧が逆転していないかを目で見て確認したり、指し棒や釣り竿の先に取り付け、糸の流れる向きで風向を、糸の傾きで風力を確認したりすることができます。それだけでなく、その挙動から気流の方向の非定常性、剥離領域の存在などの流れの模様を調べることも可能です。

タバコや線香の煙などを使用する方法もありますが、それ自体が排除すべきゴミ・異物となりかねないクリーンルームやクリーンエリアにおいては、気流の可視化の中でもっとも簡便でコストが掛からない方法がタフト法だと言えるでしょう。

タフト法はもっとも簡単な見える化の方法なのだ。可視化装置を設置していない生産現場は、早くこの方法を試すことで可視化の意識も変化していくのだー！

〈ミストトレース〉ってどうやるの？

「ミストトレース」とは、直訳すれば〝水蒸気を追いかける〟こと。ここでは、気流を見える化するために、ミストや煙などを使って、その流れをトレースするという可視化の方法を指します。一般的な方法は、純水を超音波でミスト化し、トレーサーとして使用するというものですが、製造現場が清浄環境でなければ、安価で簡単に入手できる線香やタバコの煙を使用することも可能。風向を確認できるだけなく、慣れてくればだいたいの風速も目視で判断できるでしょう。

その他、マイナス196℃という超低温の液体窒素を使う方法もあります。これは、ステンレススチール製の棒を液体窒素の中に20〜30秒間浸し、キンキンに冷えた状態の棒を空気中に引き出し、暴露するというもの。そうすると、棒の周囲の空気中に含まれる水分が急激に冷やされ、氷の微粒子へと変化します。その微粒子をトレーサーとして、空気の流れの見える化、つまり可視化に利用することができる訳です。

但し、液体窒素は気化すると約700倍という体積になってしまうため、超低温が必要にもかかわらず密閉状態にできないなど、取り扱いが難しいのが難点。それを解決するものとして、250万〜300万円程度とちょっと高額ではありますが、液体窒素の液面に空気を吹き当て、空気中の水分を氷ミスト化できるという、比較的容易に扱える製品も市場に投入されています。

蚊取り線香やタバコの煙でトレースすることもできますが、クリーン環境や製造現場ではその煙自体がゴミ・異物になってしまうので、“見える化機器”の使用がオススメだよ！

〈微風速計〉ってどう使うの？

「微風速計」には「熱線式」や「レーザードップラー式」があり、清浄環境では熱線式がもっとも多く使用されています。風速計としては、他に風車のプロペラの回転数により測定する「ベーン式」や速い流速の測定が可能な「ピトー管式」もありますが、分解能から判断すると室間差圧を測定するような微風領域には適さないでしょう。

熱線式微風速計は、加熱された物体を空気中に放置すると、その物体の熱が周囲の空気中に移動することにより、物体の温度が下がるという基本原理を利用したものです。この加熱された物体に、その物体よりも温度が低い風を吹き付けると、温度降下はさらに加速することになります。

熱線式の微風速計では、加熱される物体がセンサーになっています。そして前出の基本原理を元に、風を吹き付けた際の風速値と、その風により周囲の空気に移動する熱量（熱放散量）の関係を判定し、それを風速計として利用しています。

但し熱線式微風速計は、熱放散量を測定するために素子が常温＋40～60℃程度に加熱されます。そのため、風速ゼロの付近では素子の周辺に熱による対流が起こり、いわゆる「スプーン現象」が起こってしまいます。この現象は、0・05m／秒以下で現れますから、風速計に0・03m／秒と表示されている場合でも、実際にはゼロ＝無風かもしれません。ご注意ください。

デジタル表示式の熱線式微風速計ならゼロ表示が可能ですが、アナログ表示式だと原理上はゼロ表示ができないため、“ゼロゾーン”と呼ばれる、若干風がある状態の風速値を示してしまうことになります。ですので、アナログ風速計ではゼロを表示することができないということを覚えておきましょう。

〈三次元超音波風向風速計〉とは？

「三次元超音波風向風速計」は、対向する超音波送受信センサーヘッド間を超音波パルスが伝播する所要時間を計測し、双方からの伝播時間を比較して計測するというもの。空気に動きが無い状態では、すべての超音波パルスの伝播時間が等しくなります。しかし風が吹くと、風と反対方向に発射された超音波が対面の超音波送受信センサーヘッドに到達する時間に遅延・ズレが生じます。この風速計は、そのズレを利用し、それぞれ3対の超音波送受信センサーヘッド間での伝播時間の変化を元に、システムによって風速と風向の数値を算出しています。

この方法は、非常に精密に空気の流れを捉えることができます。0m／秒という0（ゼロ）が測定できる測定器で、これが最大の特長といってもいいでしょう。加えて、システムに可動部が無いため、壊れにくく、精密な測定ができるという長所もあります。また、風速だけでなく、同時に温度特性を精密に測定できるため、データを分析、活用することで現場へ落とし込めるなどの強みを持っています。

一方で、リアルタイムの連続測定は得意ですが、大きい空間を多点で一度に捉えることはできないため、空間を精密に測定するにはどうしても時間を要することが、短所として挙げられます。長所と短所を把握した上で活用すれば、気流の見える化に大きな力を発揮してくれるはずです。

機器の準備に多少のコストは掛かりますが、圧倒的な精度の高さや壊れにくさ、温度特性が測れる点などが優れている測定器で、何より大きな魅力は“無風状態を測れる”ということです。

三次元超音波風向風速計での測定方法と取得データ

さて、清浄環境における気流の見える化において、三次元超音波風向風速計が高い効果を発揮してくれることはご理解いただけたと思います。本項では、その使い方について、もう少し詳しくご説明したいと思います。

三次元超音波風向風速計は、3方向に超音波を伝搬させることで三次元の風向を計測し、風による超音波の到達時間の遅れ、その時間によって風速をデータ化します。従来の二次元水平風向風速計では計測困難な、鉛直成分風速（吹き上げ・吹き下ろし）の立体的な計測が可能で、0m／秒の無風から60～70m／秒の強風まで計測できます。特にゼロが測定できる風速計として希少なデータを捉えることができ、微風域も確実に数値化できる非常に優れた測定器です。

メーカーの標準ソフトで風速ベクトルの室内分布図が表示可能であり、風速の経時変化をペンプロッター方式で画面に表示してくれます。瞬時値のデータ保存と再生も可能です。風の向きと大きさをリアルタイムに矢印で三次元的に表示。その動画の録画もでき、風速ベクトルの室内分布図に室内の物体（机・吐き出し口等）を描画可能です。

また、気流の温度も同時に測定でき、音仮温度として認識するという多機能＆高性能。一般的な温度計測とは異なった測定方法ですが、誤差は無視できる範囲と認識して良いでしょう。

三次元超音波風向風速計から得られるデータは、瞬時に捉えた気流の速さ、ベクトルなどを数値化したものになります。それらを立体表示でき、高速部を意味する赤色から低速部の青色までが視覚的に表示されるため、とても分かりやすいものとなっています。それに加え、得られたデータは複数の担当者やエンジニアと共有できるので、現場の実態調査や改善すべき部分を確実に捉えるには、非常に力強い味方となってくれます。

〈“風”を数値化する三次元超音波風向風速測定〉

三次元超音波風向風速計で見える化できる項目

XYZの成分測定から

1. 風向

2. 風速(0m/s~70m/s)

3. 層流・乱流といった気流の状態

風向・風速は下の図のように矢印で表され、その2つを組み合わせて見ることで気流の状態の判断が可能となります。

※測定箇所が多い場合は、移動と設置に時間が掛かることから、長い時間を要します。

局所クリーンブースでの風速測定の様子

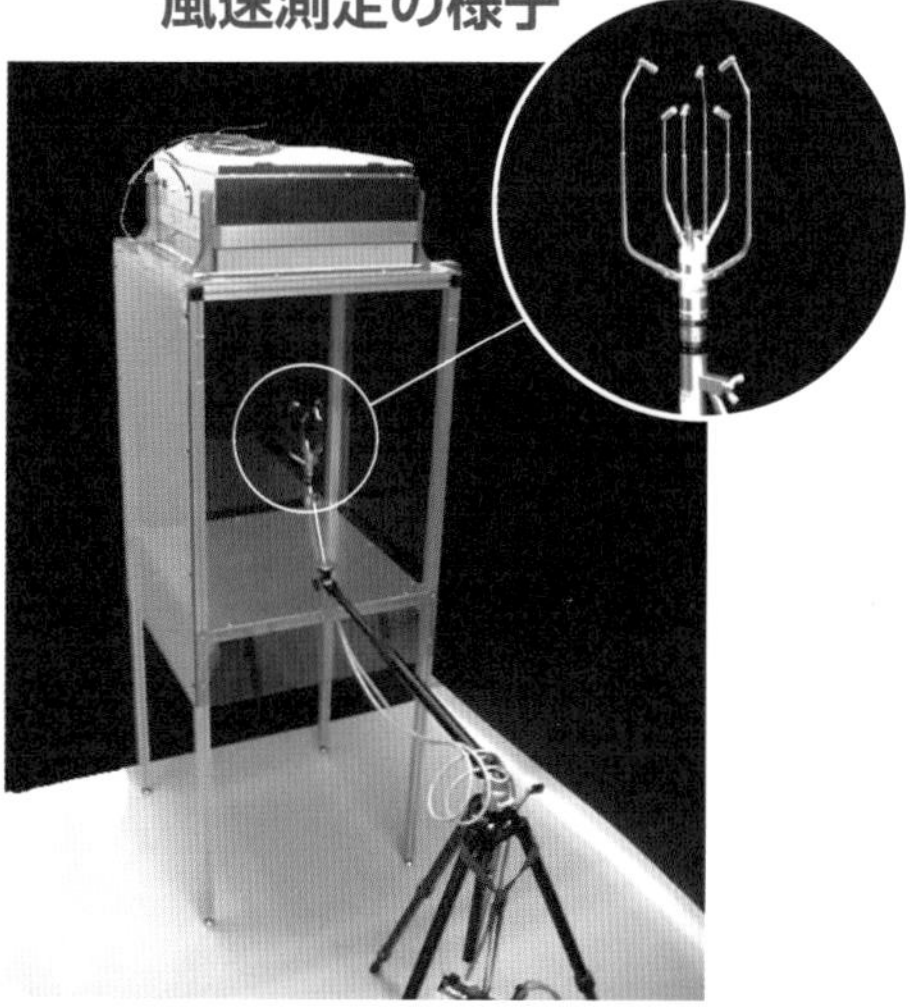

〈三次元超音波風向風速計の取得データ例〉

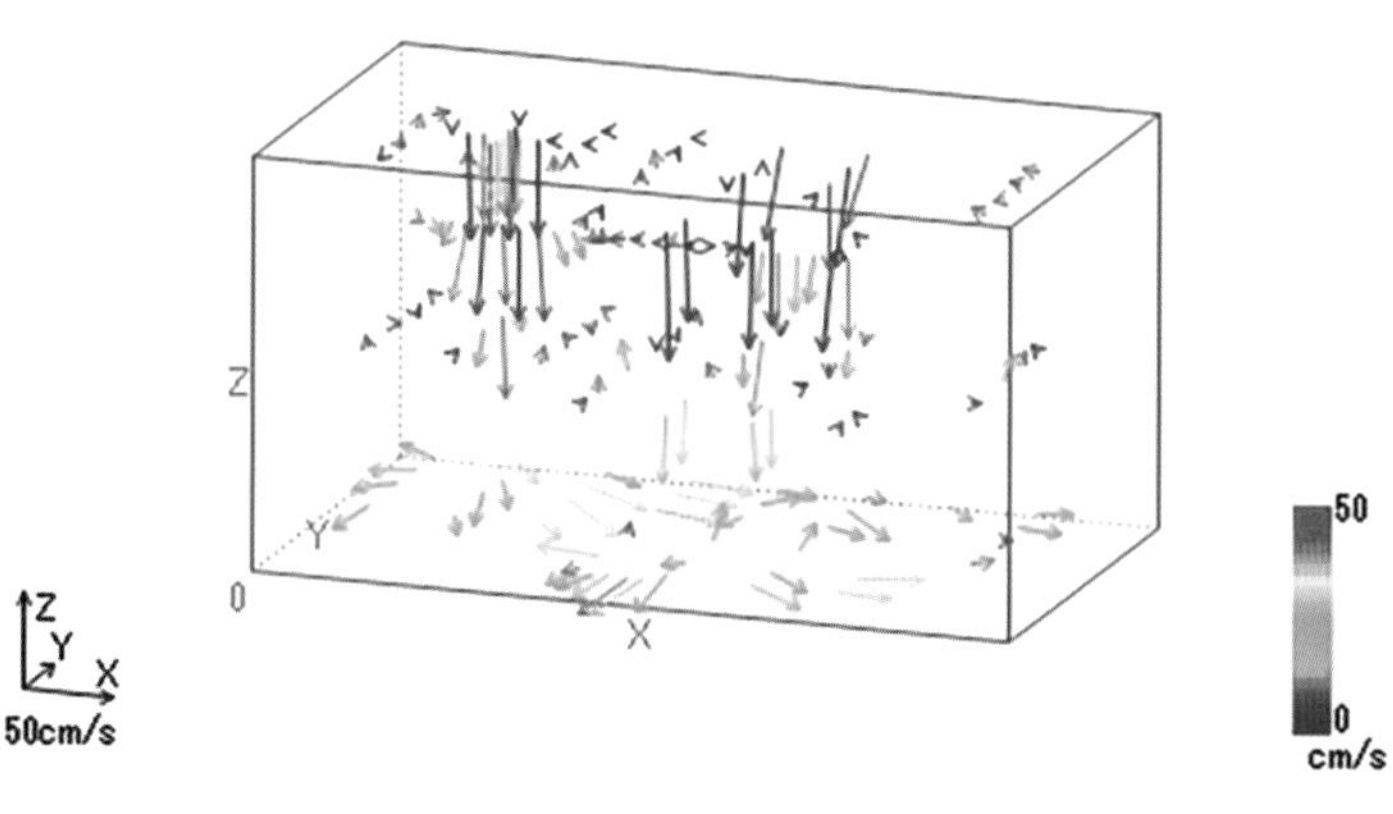

風速ゼロが測定できる三次元超音波風向風速計から得られたデータを図式化したもの。風速ベクトルの室内分布図や風速の経時変化、風の向きや強さを矢印でリアルタイムかつ三次元的に確認することができるのが特徴です。

〈FFU〉と気流の可視化

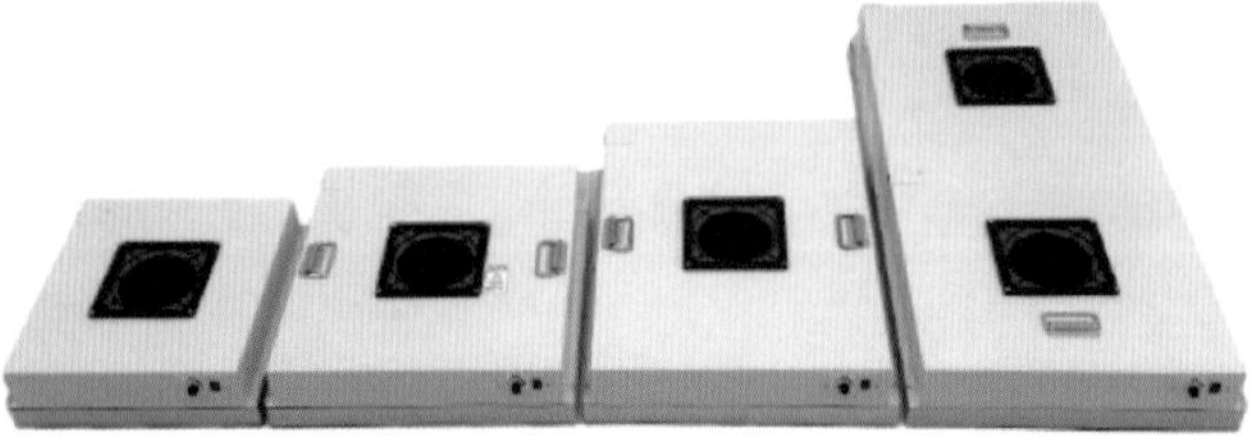

ニットー冷熱製作所の大幅な軽量化を実現したFFU。

清浄空間に欠かせない装置のひとつに「FFU」という機器があります。FFUとは「Fan Filter Unit（ファン・フィルター・ユニット）」の略。ファンとフィルターを筐体に組み込んだクリーンユニットのことを、一般的にこう呼んでいます。生産機器のあるクリーンルームやクリーンブースの天井をはじめとする周囲に設置され、清浄空気を吹き出してクリーンな環境をつくる装置です。

生産工場の中には、機械をカバーで囲い、その中を周辺環境よりも正圧で清浄に保って加工をしているところもあります。正圧での清浄環境とは、小型FFUで清浄空気をカバーの中に送気し、環境構築をしている状態を指します。

熱や発塵を伴う場合は、クリーン排気ユニットを取り付けますが、この時に排気と給気のバランスを常に考慮していないとカバーの中が負圧に逆転し、汚染空気が侵入する事態が発生するので注意が必要です。その確認は、カバーの周囲や隙間部分にタフトを近づけ、その挙動を観察することで行います。タフトが外側に向けて動き、カバーの外へ排出される気流の確認ができれば、中は正圧であるといえます。しかし、カバーの隙間などからタフトが吸い込まれてしまう状態ならば、中は負圧ということになります。

無論、常時目視で確認する管理を推奨しますが、そういう訳にいかないこともあると思いますから、小さな隙間・開放部にタフトや吹き流しを取り付けて、時折その動きを確認するというのが現実的ではないでしょうか。

正圧の場合

(空気圧)
クリーンブース ＞ クリーンルーム

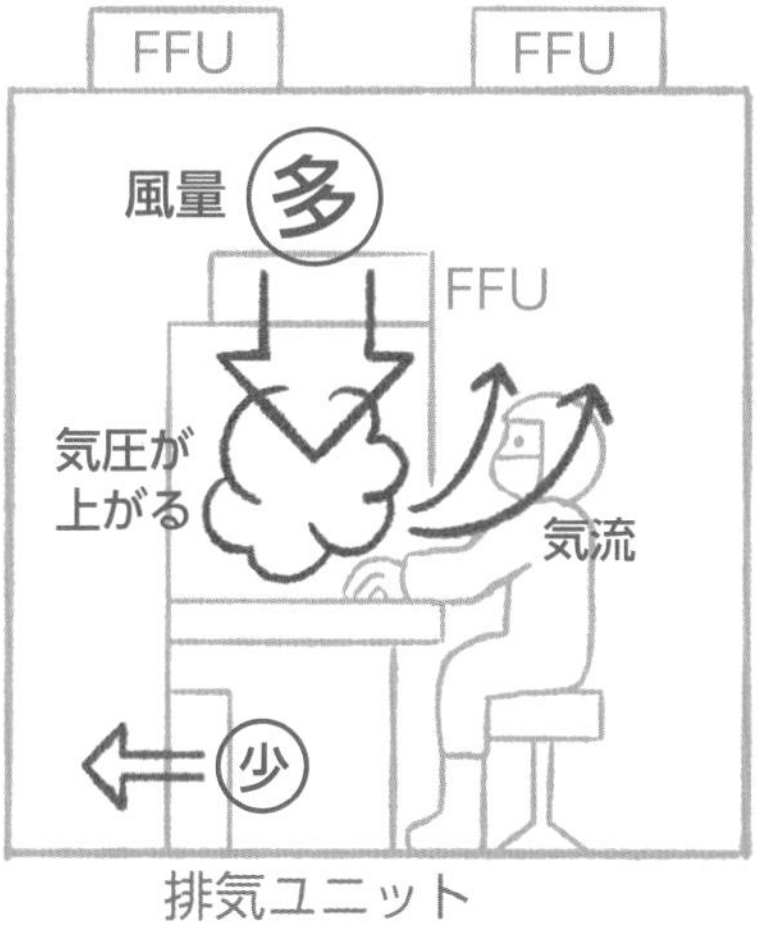
FFU
FFU
風量 多
FFU
気圧が上がる
気流
少
排気ユニット

タフトは外側へ向かってなびく

排気は給気の10%程度のマイナスに設定

⇒外

負圧の場合

(空気圧)
クリーンブース ＜ クリーンルーム

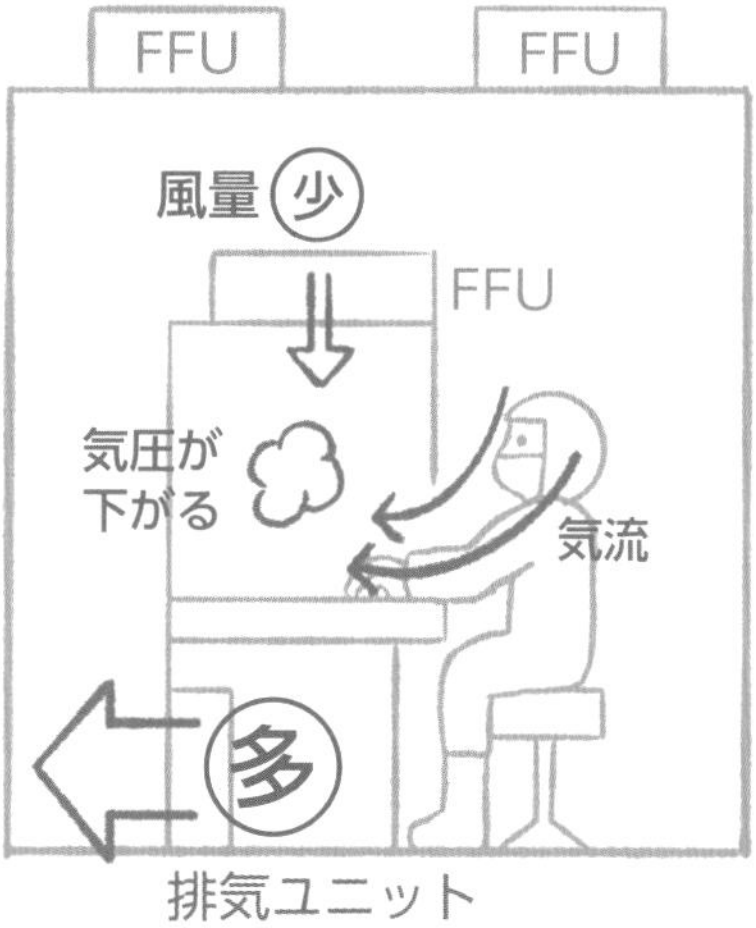
FFU
FFU
風量 少
FFU
気圧が下がる
気流
多
排気ユニット

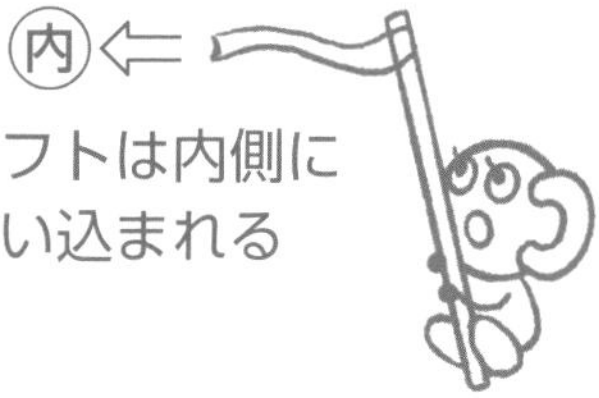
内⇐

タフトは内側に吸い込まれる

排気ユニットは小型FFUのようなもの。
ケース内での発塵を清浄化して、外側のクリーンルームへ排出します。

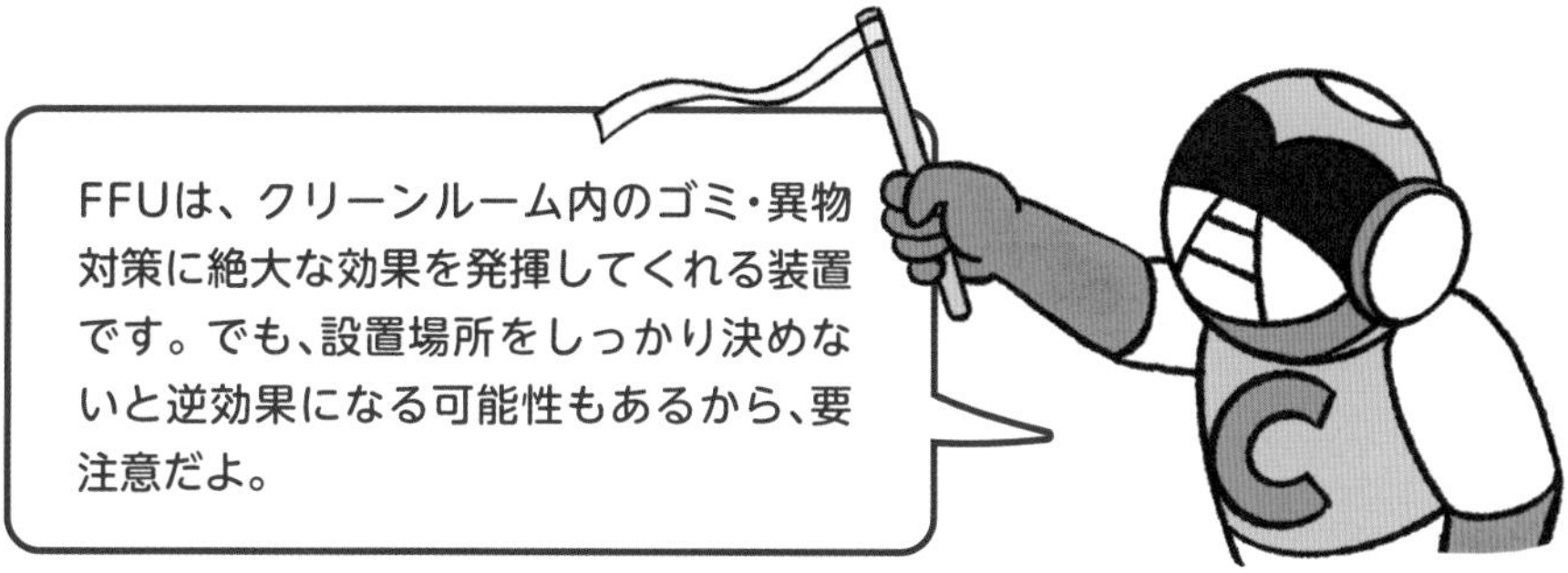
FFUは、クリーンルーム内のゴミ・異物対策に絶大な効果を発揮してくれる装置です。でも、設置場所をしっかり決めないと逆効果になる可能性もあるから、要注意だよ。

〈ＦＦＵ〉ってどういうもの？

室内の空気をファンで強制的に吸い込み、エアフィルターを通して清浄化し、クリーンエアとして送り出す「ＦＦＵ」には、設置する場所や使用条件に合わせて様々なタイプが存在します。天井部に取り付け、下方に空気を吹き出す天井設置型が主流ですが、壁付け型や床置き型などもあり、使用する場所に最適なＦＦＵを選ぶことが可能です。天井部に後付けされることも多いＦＦＵですが、設置空間や設置場所の強度に問題がある場合も少なくありません。各メーカーともに薄型化、軽量化を進めているので、設置環境が厳しい場合でも、メーカーなどに相談してみるといいでしょう。

ゴミ・異物対策が重要なクリーンルームやクリーンブースにおける使用では、ＨＥＰＡフィルターやＵＬＰＡフィルターを内蔵した高性能なタイプがお勧め。必要に応じて、ファンの前にプレフィルターを取り付けることも可能で、ケミカル異物の除去がより期待できるケミカルフィルターを選択することもできます。

取り付けについては、ＦＦＵの給気が効率的に行われる位置にすることや、複数台を取り付ける場合にはお互いの空気の動きを干渉させないなど、細心の注意が必要です。決して性能の良いものをたくさん付けたから安心ということではないので、専門の取り付け業者に依頼して、確実に機能するよう設置してもらうことが重要です。

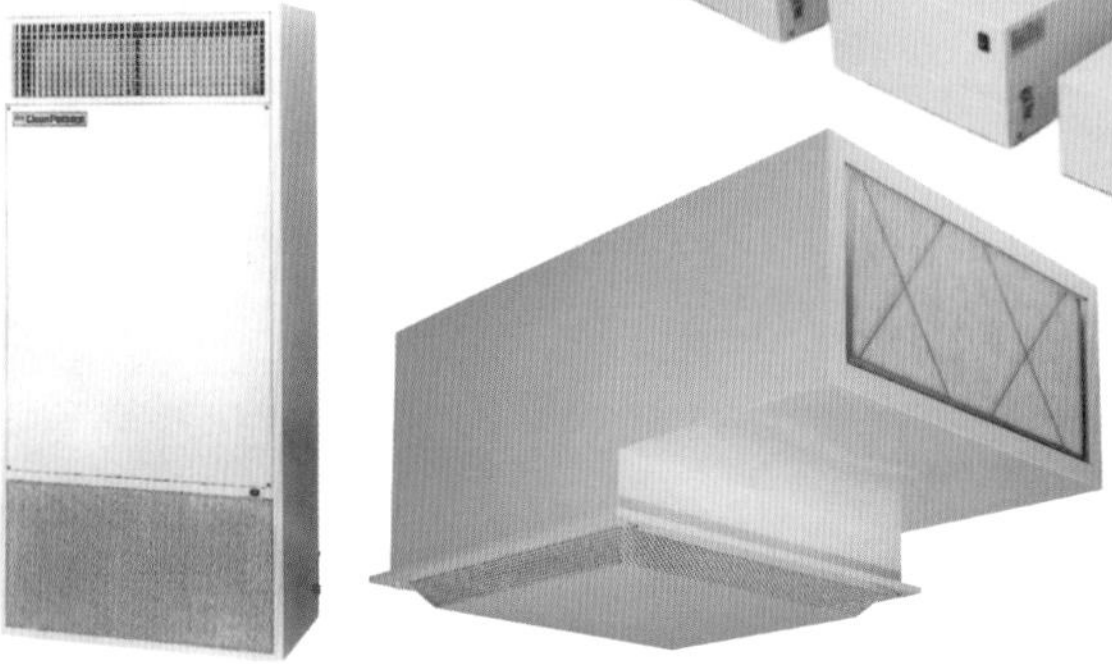

右から、ニットー冷熱製作所の小型FFU、忍足製作所の天井埋込型ファン付きFFUと床置型パッケージユニット。

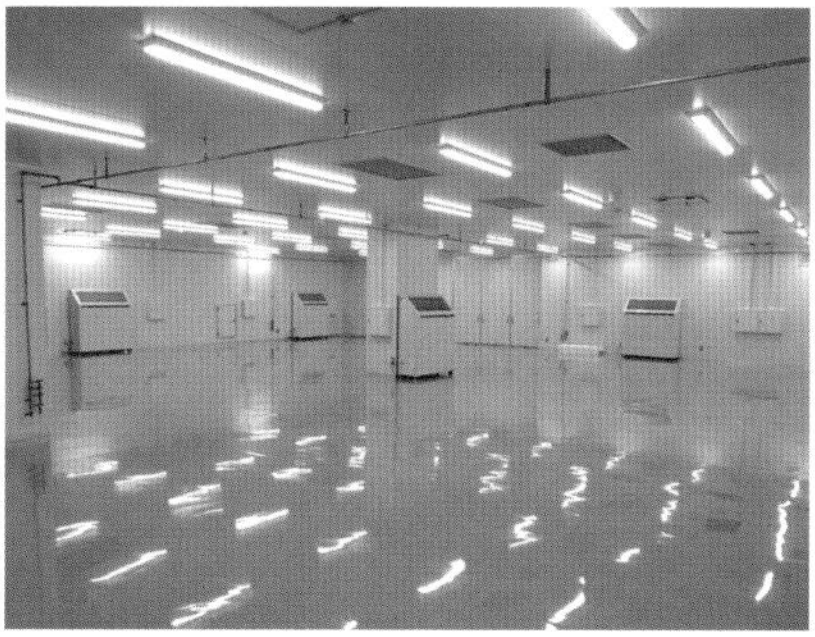

床置き型FFUを活用したクリーンルーム。

天井埋込型FFUの取り付け例。作業者が風の状況や正圧かどうかを確認しようとしているところ。

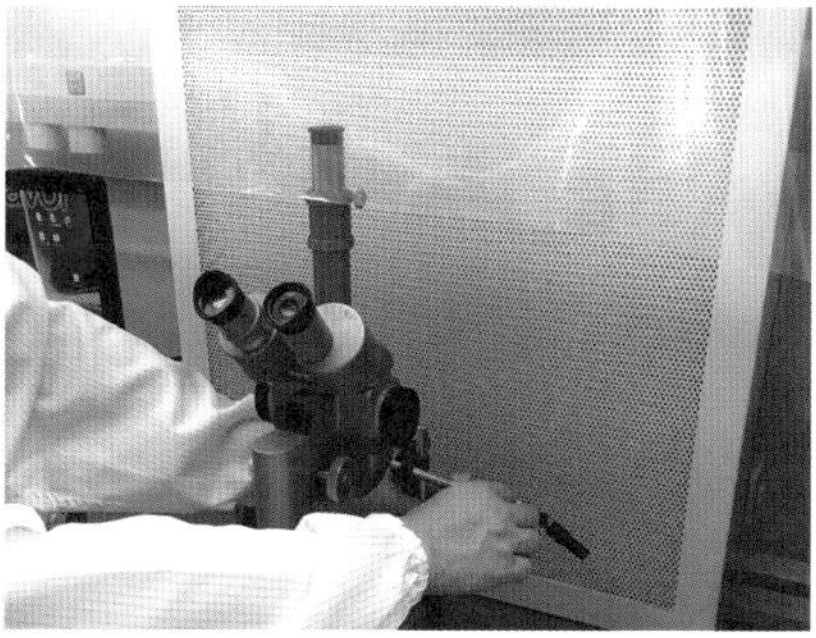

作業者が操る顕微鏡の前にFFUを設置。加工点の清浄化に注力しています。

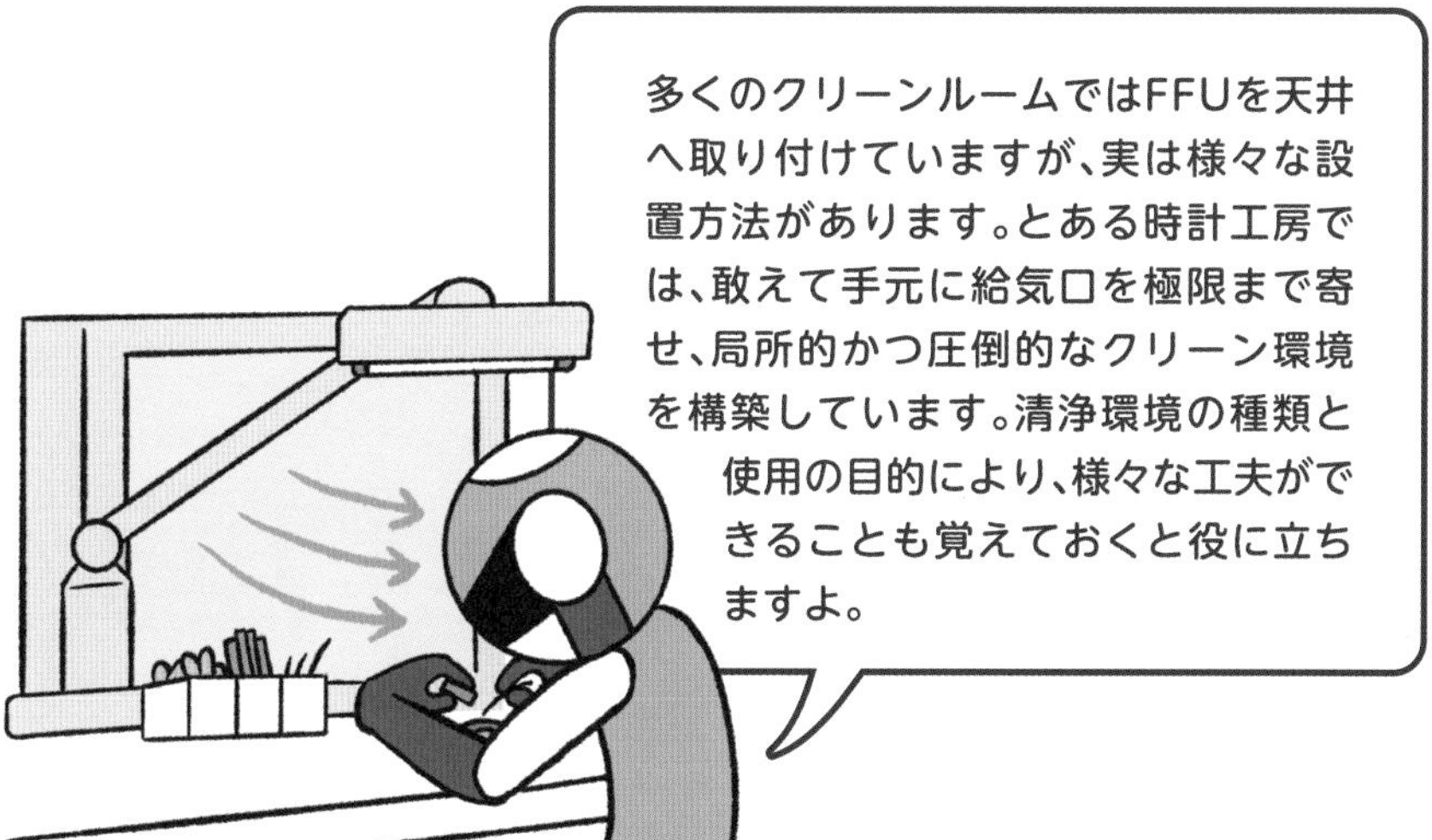
多くのクリーンルームではFFUを天井へ取り付けていますが、実は様々な設置方法があります。とある時計工房では、敢えて手元に給気口を極限まで寄せ、局所的かつ圧倒的なクリーン環境を構築しています。清浄環境の種類と使用の目的により、様々な工夫ができることも覚えておくと役に立ちますよ。

4 良い清浄環境について考えよう

良い清浄環境って？

ものづくり製造現場のあるべき姿とは？

不良を作らず、製品や工程を汚染しない。
不良発生時には原因を早急に発見でき、対策がとれる。

そのためには…

正圧（陽圧）が確保された状態を保つために気流管理ができ、
その文化が現場に根づいている。

これらが良い清浄環境の創出につながり歩留まり向上となります。

ここでは、良い清浄環境について考えていこうと思います。では、良い清浄環境とはどんな環境でしょうか？　良い製造現場とはどんな現場なんでしょうか？

簡単に言うと、私は以下の3点に集約されると思います。①環境要因で不良を作らない、②製品を汚染しない、③工程を汚染しない。

また、万が一不良が発生してしまった時でも、汚染原因が見つけやすく、対策を講じやすいことも良い清浄環境、良い製造現場と言えるのではないでしょうか。

では、良い製造現場とは、具体的にどのような環境の現場を指すのでしょうか？

それは、第一に現場の正圧（＝陽圧）がしっかりと確保されており、加工点、保管場所、搬送系に対しての気流管理ができていること、と言えるのではないかと思います。気流管理と書きましたが、それは機器を使って、機械的に気流の状況を管理するということに留まりません。

無論それも重要なことですが、もっと大切なのは、現場を管理する立場の人はもちろん、現場の作業者一人ひとりに工程の気流を「見る。診る。観る。」という文化が定着しているかどうか。すなわち気流を管理する文化が、社内の各部門や職場に根づいているかどうかが、実はもっとも重要なのではないでしょうか。

前出の機器を使うのも、確認するのも、現場の人間。ですから、こうしたことがゴミ・異物

一人ひとりを仕切った局所のクリーン化は、気流管理が容易

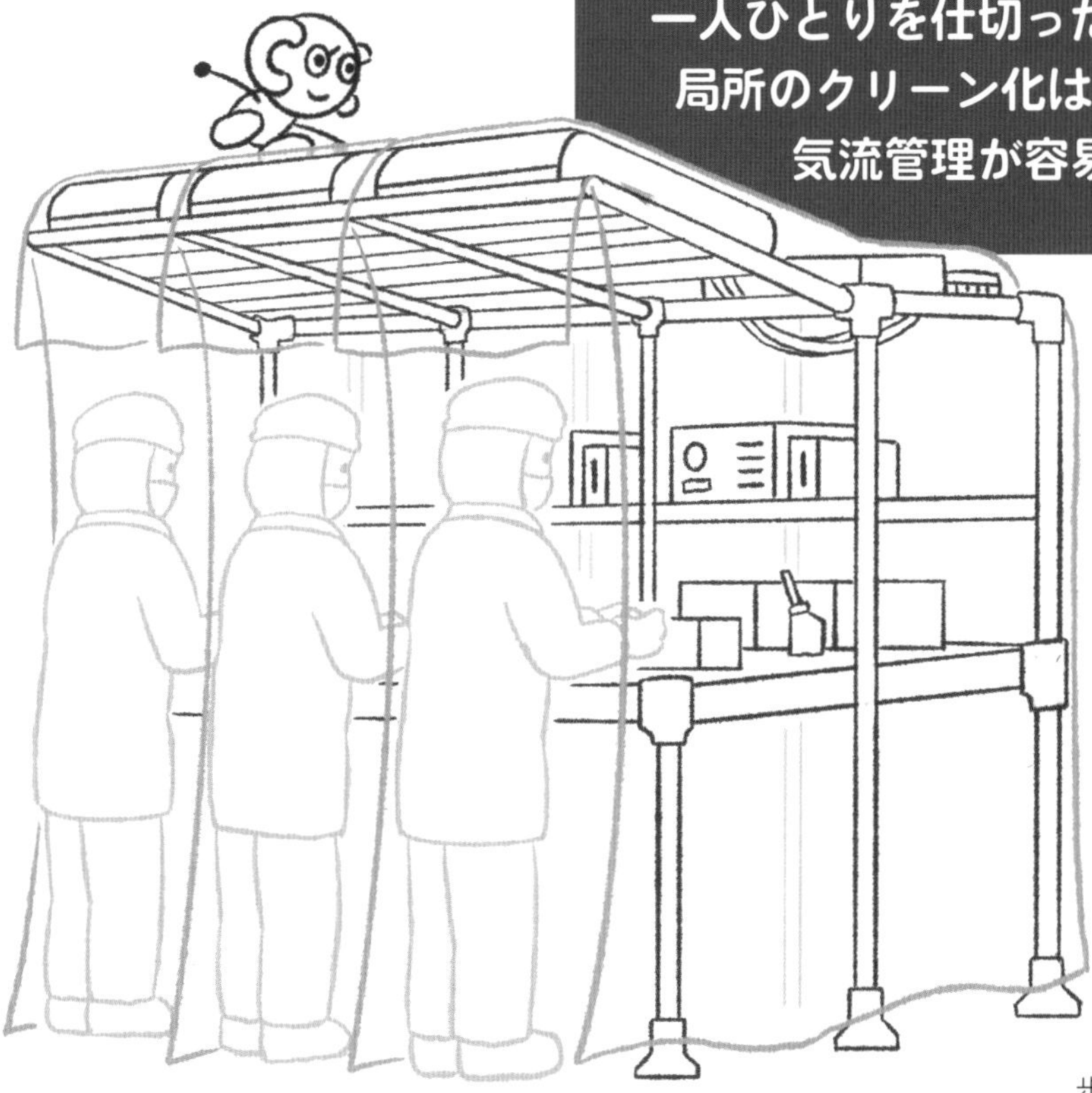

の無い良い清浄環境・良い製造現場を創出し、歩留まり向上につながるのだと考えます。

工程において、気流をしっかりと「見る」「診る」「観る」ことが皆さんにとって当たり前になると、その現場は一気にキレイになります。まず、皆でキレイにしようという意識が全員に芽生えるというメリットがありますし、その結果、歩留まりも向上するものなのです。

局所クリーン化が大事なんです

局所クリーン化とは…

加工点・保管場所・搬送系など、
“必要な場所を清浄にすること”

その方法として
局所クリーン化技術があります！

良い清浄環境、良い製造現場にするには、大きい空間より小さい空間を環境管理する方が明らかに楽ですし、間違いなく効率は上がります。そこで、ここからは小さい空間＝局所のクリーン化についてご説明したいと思います。

局所クリーン化技術は、半導体製造におけるクリーンルームのさらなる改善策として、よりクリーンレベルが高いエリアを作るために生まれました。クリーンベンチ、クリーンブースなどがその代表的なもので、ＦＦＵによる清浄な空気で気流をコントロールし、清浄空間を作ることができます。

半導体などの先端工場では、高効率化すなわち省電力・低ランニングコストを実現できるとして、ウエハー周辺のみを清浄化する局所クリーン化が主流になっています。しかし他の業界では、そもそも装置や材料、製造プロセスなどがクリーン化を意識していないことが多いため、今なお発塵が多い環境の中でゴミ・異物を減らす努力が続けられています。

近頃はその解決策として、局所クリーン化技術が応用されるようになってきました。現在は精密加工が必要になったこともあり、製品の処理工程や製品が露出する工程を中心に、クリーン環境を効率的に構築する技術として、様々な現場が局所クリーン化を採り入れています。

局所クリーン化の定義

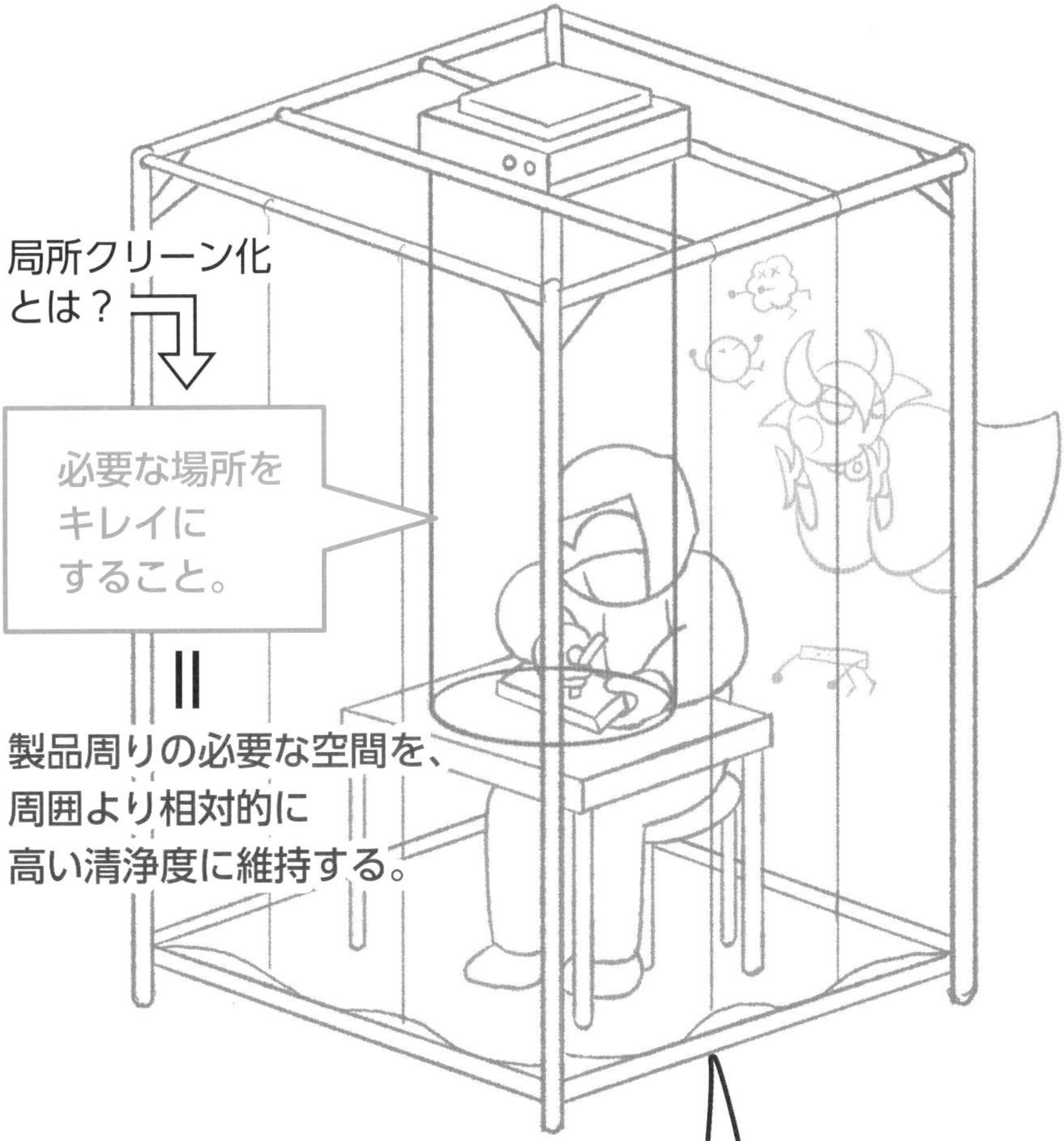
局所クリーン化
とは？
必要な場所を
キレイに
すること。
||
製品周りの必要な空間を、
周囲より相対的に
高い清浄度に維持する。

局所クリーン化とは、机にポツンと付いた汚れを、そこだけゴシゴシ拭き取るとか、シャツの襟や袖口の染み汚れをそこだけゴシゴシ擦って落とすようなものかな。
１点だけなら確実に汚れを落とすことができるよね。机やシャツ全体の汚れが除去できる訳じゃないけど、間違いなく効率的だ。

局所クリーン化の目的とは?

目的は様々でも、以下の3点は大切です!

❶ 製品が必要とする高い清浄度を、局所的に作り上げる。

❷ 低い清浄度の周辺環境から、製品を守る。

❸ 周辺環境も含む循環空気の動力を、全体として節約する。

局所クリーン化を行う際に重要なのは、「工程に求める目的を明確にする」ことです。そうすることで、あなたの職場の局所クリーンへの要求仕様が明確になります。

さて、ここまでの説明で、局所クリーン化の有用性は十分にご理解いただけたと思います。では、局所クリーン化の目的にはどんなものがあるのでしょうか?

色々とありますが、大きく分けて、①作り上げる製品が必要とする高い清浄度を、局所的に作り上げること、②低い清浄度の周辺環境による汚染から製品を防御すること、③周辺環境も含む循環空気の動力を、全体として節約すること、という3点が挙げられると思います。

そしてその要求仕様は、当然のことですが、作り上げる製品や作業工程により異なってきます。自工程で局所クリーン化を導入する場合、その工程で製造する製品のサイズや、製品不良につながる可能性のある粒子サイズを鑑みてのクリーン化すべき空間の大きさや、製品の内容を鑑みての清浄度の度合いなど、自工程での目的を明確かつ具体的にして取り組む必要があるでしょう。

クリーンベンチやクリーンブースなどの局所環境では、加工点に気を配りつつ、特にしっかりと気流をてなずけ、効果性の高いものづくり環境の構築を進めていきましょう!

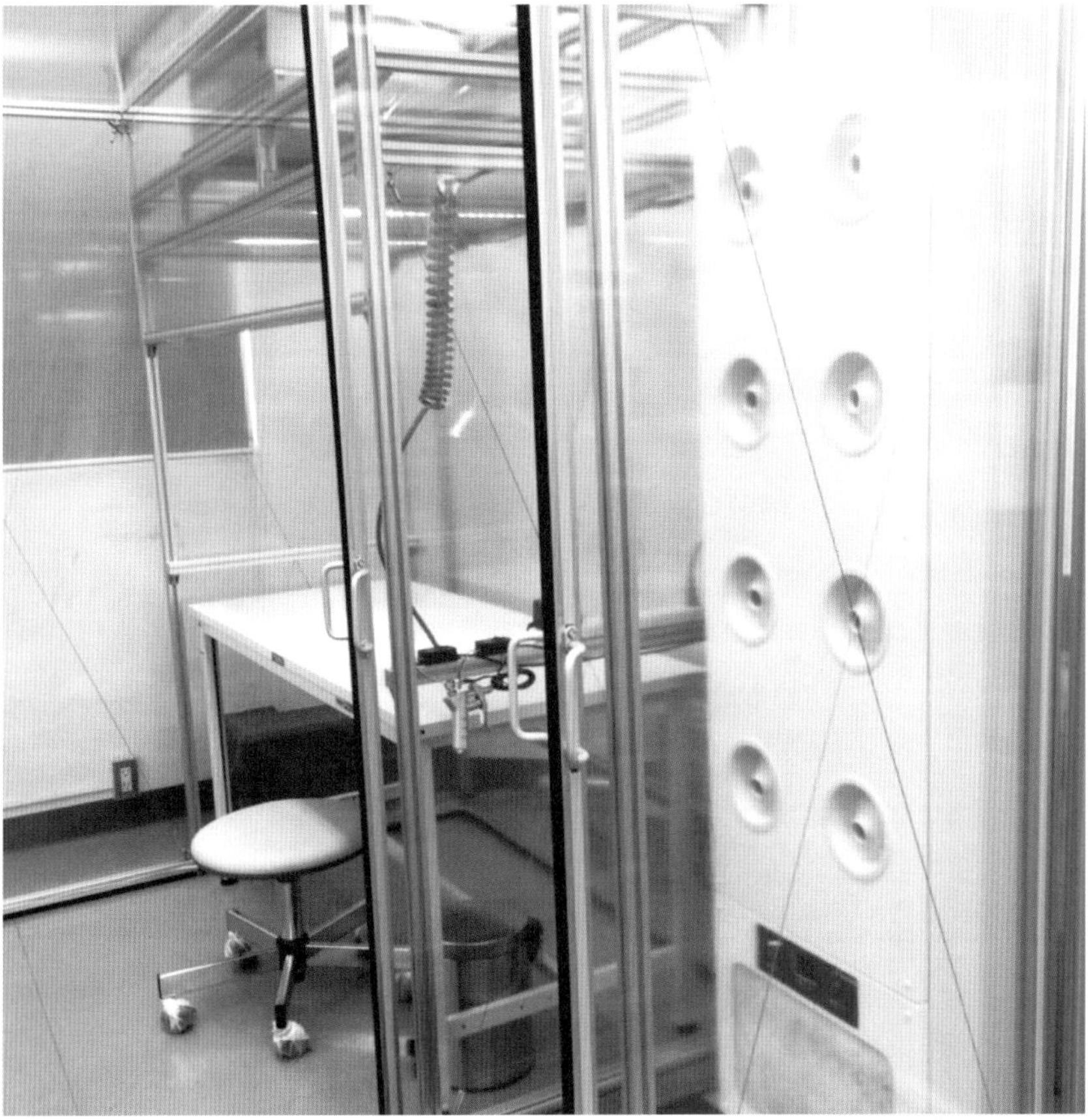

右手前に見えるのがエアシャワーの吹き出し口。奥のクリーンルーム内に、アングルで囲んだクリーンブースとその上部にFFUを設け、完ぺきな局所クリーン化を実現しています。

テレビや映画などで見かける、ゴム手袋が付いた透明ケースも局所クリーン化の一例です。医療機関では、感染症対策としてプッシュプル型といった方法や陰圧室などを活用した、局所的なクリーン環境の構築が普及しています。

局所クリーン化のポイントをお教えします

まず局所クリーン化を行う前に、製品目線で加工点、保管場所、搬送系がどこなのか明確にし、エリアごとに作業者の動線も含めて立ち入り制限区域などのゾーニングを行いましょう。そして、製品にゴミが付着するエリアを洗い出し、そのエリアを局所クリーン化します。

局所クリーン化は、クリーンルームの構築以上に管理に繊細さを要します。周囲の清浄環境によっても効果が大幅に変化しますから、製品の保管や作業エリア全体の気流管理、定期的な清掃など、クリーン化四原則に則った維持管理を行うことで、ゴミ・異物不良の発生を低減することができるでしょう。加えて、「監視する・観察する・管理を継続させる」ことも包含すべきです。

一般環境に構築するような事例では、「換気が少ない、正圧が不十分、窓の開閉が付きまとう」こともあります。作業者が防塵衣を着用せず、一般作業衣で作業を行うと、発塵が床に堆積塵埃となり、環境を汚染する可能性もありますから、局所クリーン化には特に注意が必要です。

防塵衣を着用しない現場もあると思いますが、そういう環境では堆積塵埃が多いので、作業者の動作や行為により、ゴミ・異物が容易に飛散してしまうんだ。それらを除去するには真空掃除機が確実。ホウキやチリトリでの清掃は、再度拡散してしまうから厳禁だよ！

それぞれの設置環境によって、様々な課題が抽出されると思います。こうした課題への対応方法、そのためのルールを事前に明確にしておきましょう。

清浄度が低い周辺環境に局所クリーン環境を構築するには、まず汚染物の隔離、室間差圧制御、加工点・保管場所における風速制御などの対策を行う必要が出てきます。その仕様は、製品や作業工程で異なりますから、万難を排して対策しましょう。

加工点に持ち込む製品・部品についても、事前に十分除塵を行うことが必須です。せっかく局所クリーン化を実現した加工点にわざわざ汚染物を持ち込んでしまったら良品は生まれません。また、除塵をした後の保管についても清浄化に十分配慮しましょう。不確実な除塵と保管は、結果的に加工不良と同じ不良特性を生んでしまいます。

局所クリーン化構築で、循環空気を節約（＝節電）する際に気をつけたいのが、節約を意識するあまり、周囲の清浄度が下がり、局所クリーン化の効果が落ちてしまうことです。節電によって省エネができても、局所クリーン化しているはずの製造現場であるクリーンブースが、ゴミ・異物不良を生産する環境になっていたなんてことが無いよう、四原則を守り、しっかりと管理してくださいね！

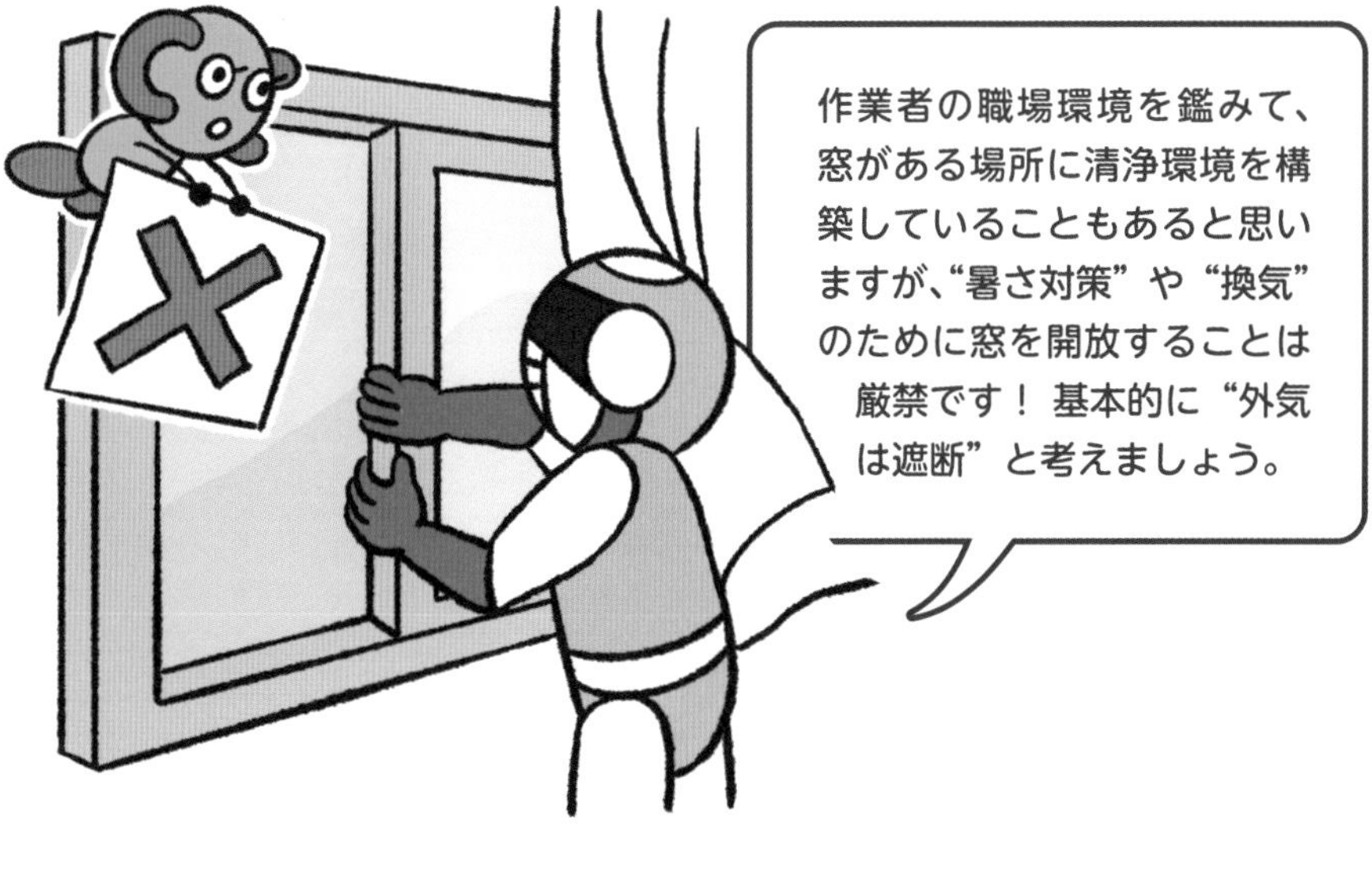
作業者の職場環境を鑑みて、窓がある場所に清浄環境を構築していることもあると思いますが、“暑さ対策”や“換気”のために窓を開放することは厳禁です！ 基本的に“外気は遮断”と考えましょう。

局所クリーン環境の構築イメージ

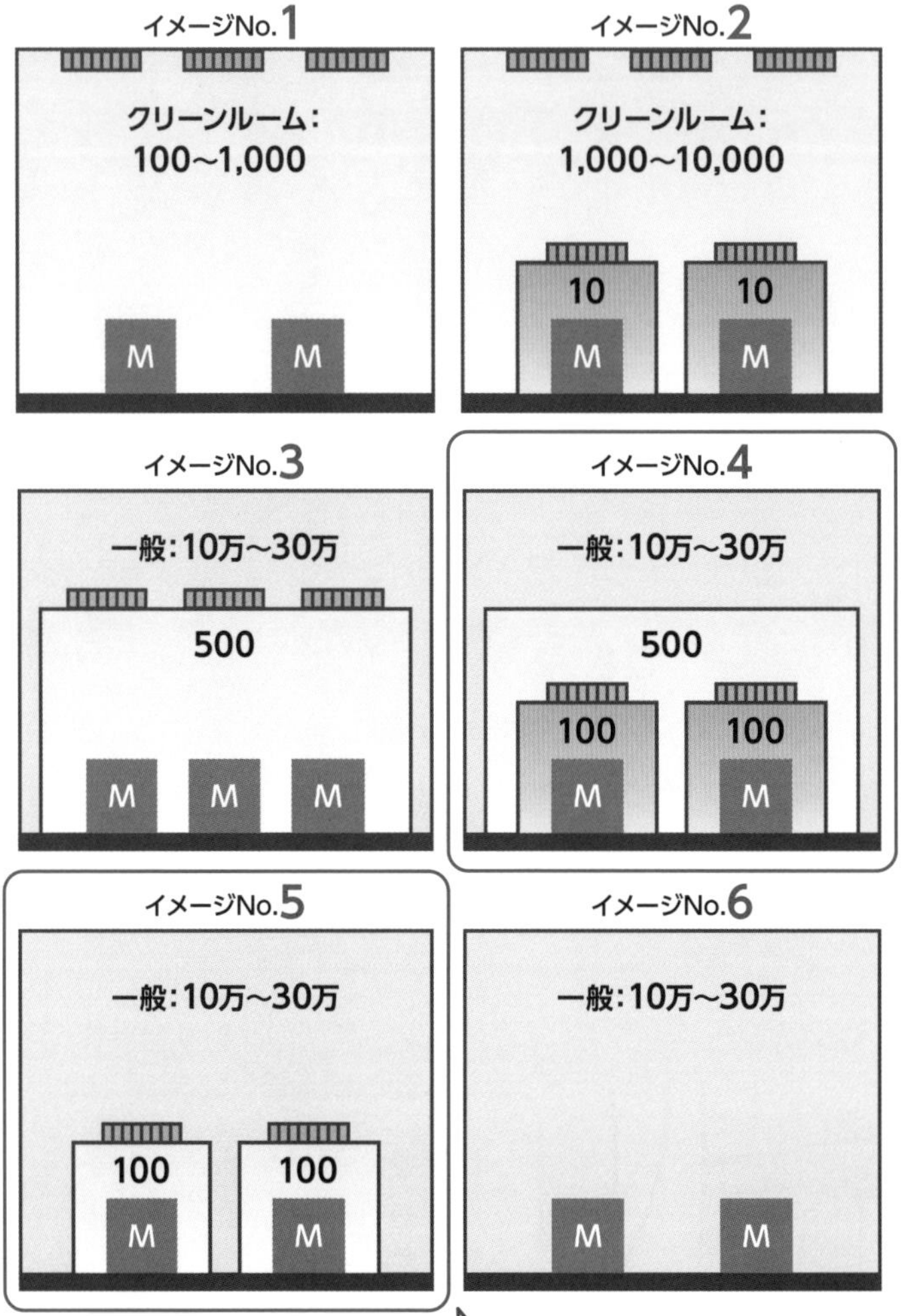
イメージNo.1
クリーンルーム：
100〜1,000
M
M
イメージNo.2
クリーンルーム：
1,000〜10,000
10
10
M
M
イメージNo.3
一般：10万〜30万
500
M
M
M
イメージNo.4
一般：10万〜30万
500
100
100
M
M
イメージNo.5
一般：10万〜30万
100
100
M
M
イメージNo.6
一般：10万〜30万
M
M

※M＝設置された機械

一般的には、赤く囲んだイメージNo.4、5を基本にクリーン環境構築を進めます。エアフィルターは準HEPA/中性能も選択肢とし、加工点の疑似正圧を確保すると良いでしょう。

自工程の不良状況を考慮し、汚染粒子を除外対象化しましょう。

局所クリーン環境構築イメージ

現在の清浄化技術を整理して、自社・自工程における局所クリーン環境のあり方をイメージしましょう。

クリーンルームの有無	クリーンルーム(有)		クリーンルーム(無)			
大型ブース方式の有無	無	無	有		無	
局所クリーンの有無	無	有	無	有	有	無
イメージNo.	1	2	3	4	5	6
適用(Count/CFM)	100	10	500	100	500	300000
メンテナンス　HEPA管理 0.5μm	○	△	△	○	○	◎
メンテナンス　停止時対応	○	○	○	○	○	◎
イニシャルコスト	×大	△	△-○	△	○	◎小
使用エネルギー	×大	△	△	○	○	◎小
クリーン度	○	◎	○	◎	◎	×
作業性	◎	△	○	△	△	◎

この表はクリーンルームの有無に分けて局所クリーン化による清浄環境の構築と未構築の違いを記したものじゃ。「適用」の部分を見てもらうと分かるじゃろうが、クリーンルームでかつ局所クリーン環境が整っている場所では、ゴミ・異物がわずか「10個」とカウントされておるのに対し、クリーン環境が構築されていない場所ではナント「30万個」にもなってしまうのじゃから、実際に局所クリーン環境を構築するとその違いに驚くはずじゃ。

筆者が考えるクリーン化手法とは？

局所クリーン化による環境構築とは、ゴミ・異物不良発生の伝播経路を断ち切るように、空気の流れ、すなわち気流を設計することです。

そこで、私が考える局所クリーン化の環境構築の具体的手法は、加工点を中心として、その周辺だけを局所的に清浄化するというものです。すなわち加工点を中心に据えて、加工前後の保管場所と次工程に対する搬送時形態までの環境を構築して管理するのです。そして、重要なポイントである加工点、保管場所、次工程への搬送系の3点に対して、集中的に局所クリーン化による清浄環境化、いわゆるゴミ・異物対策を展開します。

基本的な対応は、以前にご紹介した四原則に則ります。また、クリーンブースの採用はもちろん、FFUの空気吹き出しベクトルを加工点に向けて角度付けするなどの施策が有効で、清浄空気でのバリア化に効果を発揮します。

局所とはいっても、清浄化するエリアの大きさは、対象となる加工品の大きさにより異なります。しかし、空気の粘性を考慮すると、概ね20～30％の余裕率は確保したいところ。その程度の環境構築が望まれます。

局所クリーン化の環境構築を図っていると、つい環境をクリーンにすることに躍起になりがちです。しかし、それは目的ではなく、あくまでもゴミ・異物による不良発生をゼロにすることです。そして、それこそが局所クリーン化の狙いなのだということを、胸に刻んでいただきたいと思います。

1. 加工点を中心として周辺だけ局所的に清浄化する。

2. 手・顔・襟元・袖口など、作業者からの発塵を防ぎ、排除する。

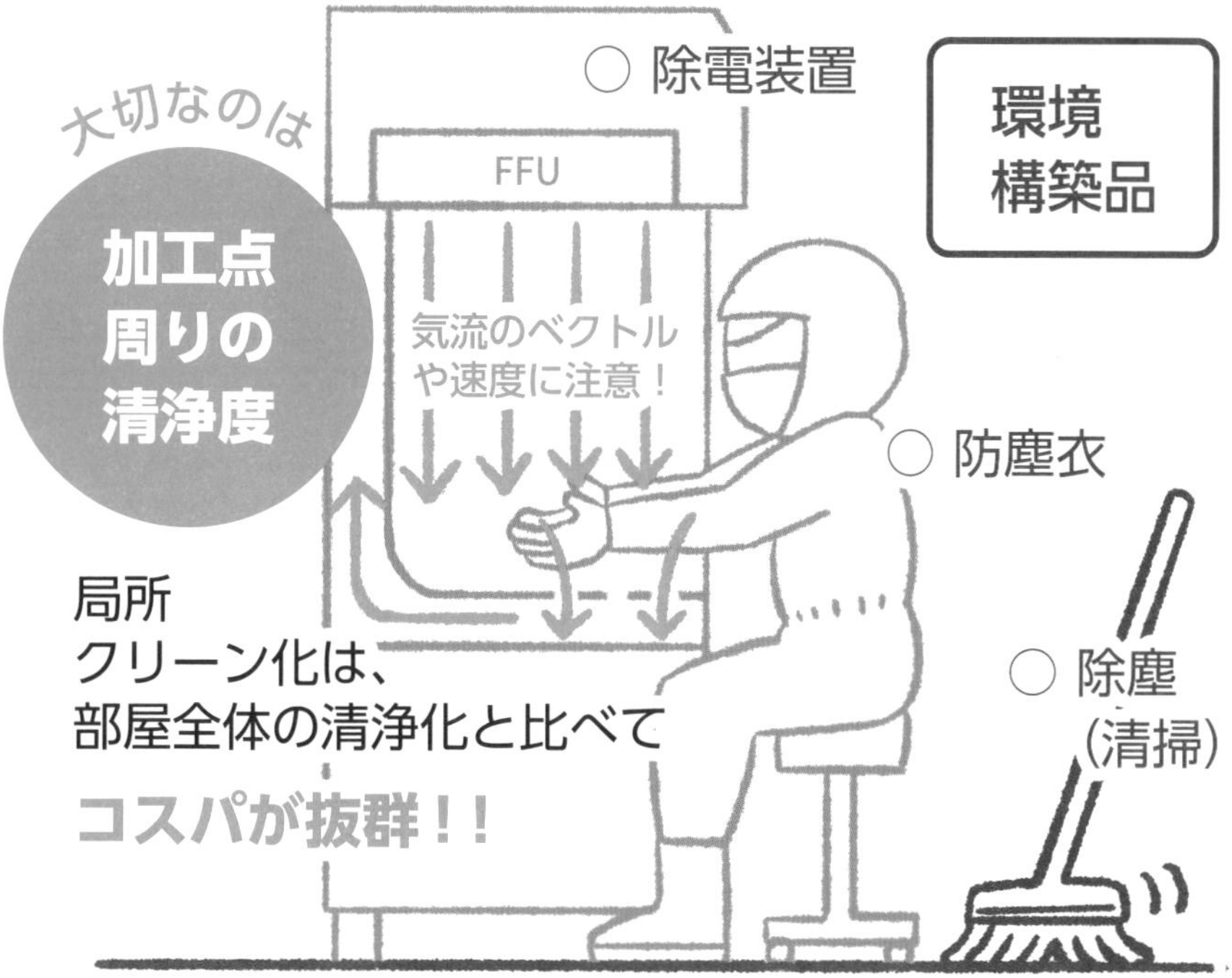
大切なのは
加工点
周りの
清浄度
FFU
気流のベクトル
や速度に注意！
○ 除電装置
環境
構築品
○ 防塵衣
○ 除塵
(清掃)
局所
クリーン化は、
部屋全体の清浄化と比べて
コスパが抜群！！

局所クリーン化で最初に手を付けたいのが作業者からの発塵防止だな。どんなに立派な設備を整えても、そこで作業をする人の袖口からゴミ・異物がゾロゾロと出てくるようでは本末転倒。気をつけてね。
まずは防塵衣の袖口部分からの発塵防止の重要性を、作業者にしっかりと理解してもらうこと。その上で、意識して“正しく”作業してもらうこと。その意識が継続し、当たり前になったらいいよね！

4

良い清浄環境について考えよう

局所クリーン環境を構築しても……

局所クリーン環境を構築した際には、製品に一番接近する作業者からの発塵をできる限り防ぐことが重要です。万が一ゴミ・異物が発生してしまった際には、速やかかつ確実に排除することを心掛けましょう。特に作業者の、手・顔面・襟元・袖口は発塵しやすく、手袋を使用しても手首部分の皮膚が露出しやすいため、露出を防ぐクリーン手甲や腕カバーの装着がオススメです。もちろん、清浄な空間では防塵衣も着用しましょう。
このように発塵源となり得る部位には、清浄空気でバリアを作るための気流確保が必要です。もちろん、加工点に向かう気流の上流に“手”や“腕”などが「来ない」「入らない」といった配慮も大切です。また、加工点に投入する製品や部品も、加工前に除塵を行ったり、静電気を除去する除電を行うことで、除塵効果を向上させることができます。

Special Column 5

フィルター寿命が設置場所で変わるって知っていますか？

片や半永久、片やわずか2～3カ月の命！

現場を訪問した際、圧倒的に多い質問がFFUなどの「エアフィルター」についてなんだ。特に寿命を尋ねられることが多いんだけど、これは「清浄環境を構築して維持するためには、空気中の異物や粒子を取り除くことが重要」と、現場の担当者が認識している証拠で、実はとてもいい質問なんだよ！

ゴミ・異物不良に悩む現場を訪問すると、多くが普通環境にクリーンブースやクリーンベンチを設置しています。では、その環境の異物粒子濃度が高かった場合、フィルター寿命はどのくらいだと思いますか?

実は…わずか2～3カ月で、吹き出し風速が0.2m/秒を下回ることが起こり得ます。エアフィルターは、初期圧力損失が1.5～2倍に達すると概ね寿命。私は吹き出し風速が0.2m/秒以下になった時点で寿命と判断することを推奨しています。

これは、清浄空気が加工点に届くと考えられるぎりぎりの数値から算出したもので、局所クリーン環境では、作業動作などの影響で、気流速度が0.2m/秒以下になると、ほとんど清浄空気は加工点に届かないと考えるべきです。

ちなみにISOクラス7（Fed.STD. 209Dではクラス10,000）レベルの作業場に設置されている場合は、理論上フィルター寿命は30年近く。同クラス2～3（同100～1,000）の清浄度なら、半永久的といっても過言ではありません。

フィルター寿命はFFUなどの設置環境によって大きく変化しますので、普通環境に設置した場合は、かなり短命になることを覚悟しておいてくださいね。

5 クリーン化事例とノウハウ集

クリーンブースによる気流のてなずけを覚えよう

本項では、「気流をてなずけて環境構築するためのノウハウ集」として、現場での具体的な取り組み事例をご紹介します。自工程に導入できそうな手法が見つかったり、同じ間違いをしている可能性に気づいたりなど、思い当たること、自工程に近似する事例があれば、是非ご活用ください。

まずは、様々な現場へ実際に導入・設置され、使用されている一般的なクリーンブースの事例を見ていきましょう。クリーンブースは、各辺が2～3mの立方体に近い形、または縦長の直方体の形をしていることが多く、ステンレススチールやアルミニウム製の金属フレームを組み、そのフレームを透明の制電ビニールシートですっぽりと覆った構造になっています。

天井部のフレームにFFUを取り付ければ、FFU周辺の外部の空気がフィルトレーションされ、ブース内に清浄な空気が導入されます。そして、FFUからの送風によって発生する気流を循環させることで徐々に汚染空気を希釈し、それを排出することで清浄度を確保していきます。

但し、天井の平面積よりFFUの空気の吹き出し口の面積が狭い場合、吹き出し口の横から天井の端にかけての空間に気流の滞留が起きるので、注意が必要です。滞留域では浮遊塵がいつまでもその場に留まってしまう可能性があり、最悪の場合、ずっと排出されないということもあり得ます。

また、FFUの効果が及ばないエリアでは、滞留と同時に上昇気流も発生し、床面に溜まった異物の巻き上げが発生する危険性もあります。ですから、空間面積が狭いクリーンブース内におけるFFUの吹き出し風速の調整は、極めて重要。速ければ良いということは断じてありません。逆に速ければ速いほど、上昇気流を誘発してしまいますのでご注意ください。

クリーンブースの気流イメージ

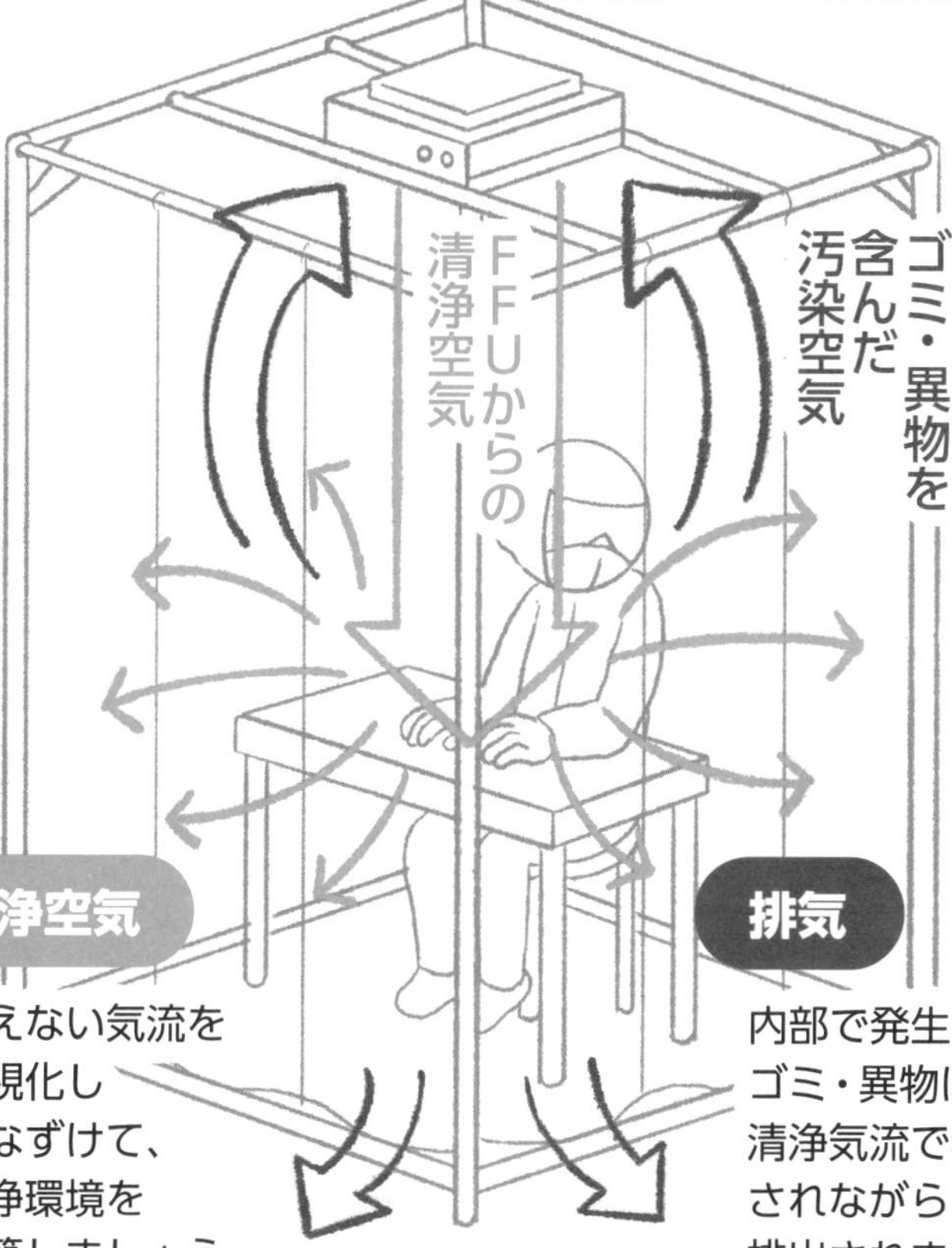
FFUからの清浄空気
ゴミ・異物を含んだ汚染空気

清浄空気

見えない気流を
可視化し
てなずけて、
清浄環境を
構築しましょう。

排気

内部で発生した
ゴミ・異物は、
清浄気流で希釈
されながら
排出されます。

クリーンブースさえあれば、すべてのゴミ・異物不良やその要因を排除できる訳ではありません。生産装置の駆動部や動力部からの発塵にも細心の注意を払い、局所排気設備を設けたりすることが大切です。その上で気流を可視化し、加工点・保管場所・搬送系を汚染する気流要因が無いかを日常的に確認するよう心掛けましょう！

クリーンベンチでの気流のてなずけを覚えよう

一般的なクリーンベンチの活用事例

ドラフトチャンバー型

排気をしなければならない作業の場合、清浄空気の正圧成分が高過ぎると汚染物が室内に流入するため、**給排気バランス**に注意しましょう。

上の写真は、多くの現場で使用されている、一般的なクリーンベンチの事例です。ともに上方から、FFUによる給気が行われています。クリーンベンチは、FFUによる局所クリーン化が施されたもっとも清浄度が高いエリアとなりますが、この中で有機溶剤の使用など、排気の必要がある作業をする場合には、FFUからの給気と排気設備の排気の量のバランスが非常に重要となります。

FFUからの給気量が排気量より多い場合、作業者がいるエリアへの有害物質の流出が懸念され、ともすれば作業者側の環境が汚染されてしまうことになりますから、最大限の注意が必要です。

一方、排気量が給気量を上回る場合、作業者の環境に大きな影響を与えることはありませんが、空調された空気が強制排気されることによってエネルギーの流出になり、省エネ効果が低くなってしまいます。また、そのエリア全体がクリーンルームの場合は、室内が負圧になってしまう危険性がありますから、マノメーターの設置などで数値管理を行いましょう。

さらにタフトや吹き流しを設置して、常時目で見る管理をすると、より効果的な環境管理ができると思います。

排気が併設されている洗浄装置では給排気バランスに注意!

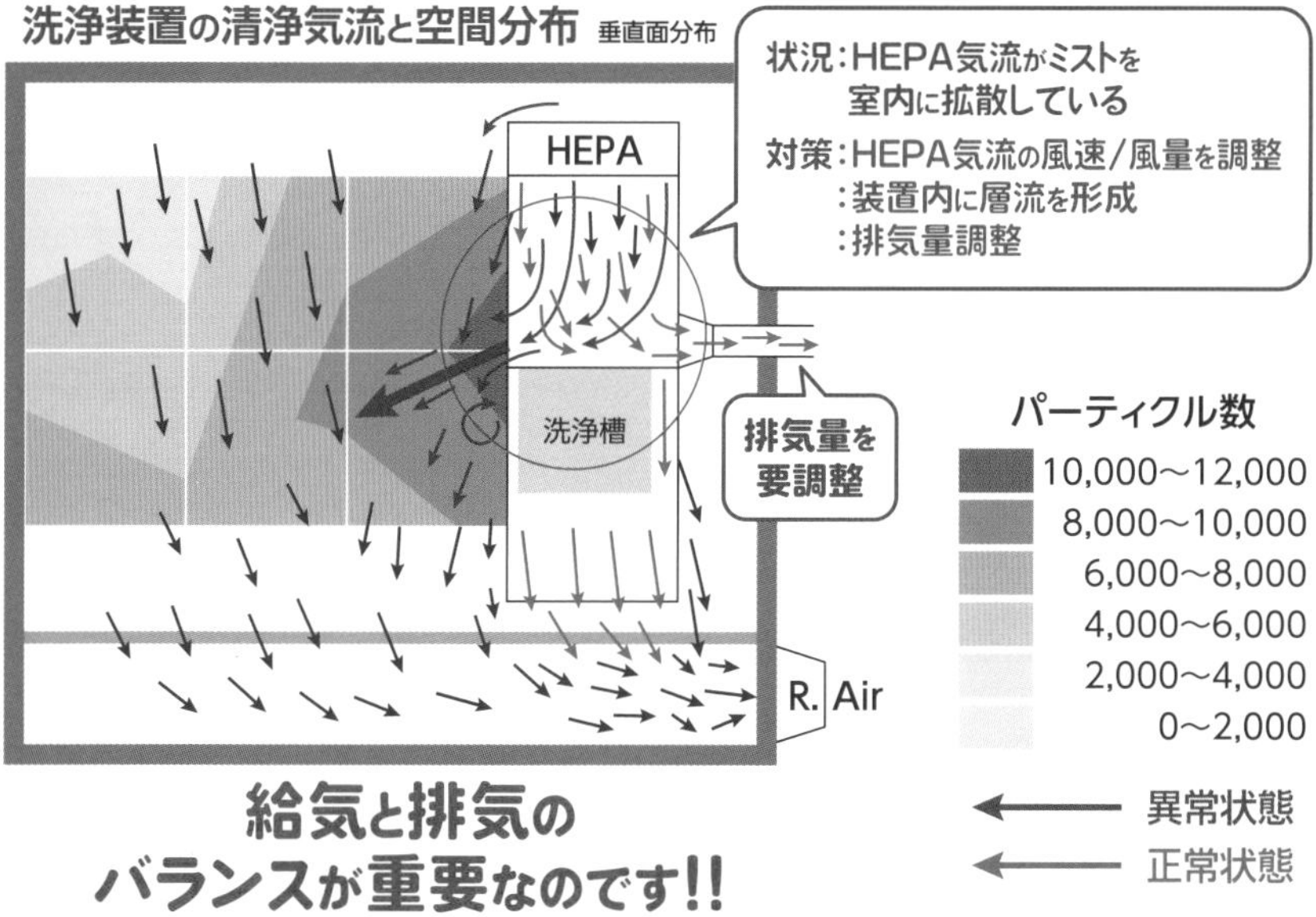
洗浄装置の清浄気流と空間分布 垂直面分布
状況：HEPA気流がミストを室内に拡散している
対策：HEPA気流の風速/風量を調整
：装置内に層流を形成
：排気量調整
HEPA
洗浄槽
排気量を要調整
R. Air
パーティクル数
10,000～12,000
8,000～10,000
6,000～8,000
4,000～6,000
2,000～4,000
0～2,000
異常状態
正常状態
給気と排気のバランスが重要なのです!!

クリーンベンチは元々、生化学や生物学の分野における、微生物をも対象とした無菌操作が可能な作業台でした。塵や他の微生物を混入させないよう、机上の周囲に壁を設けてボックス構造とし、濾過した空気を直接吹き付けることで無塵・無菌状態を保ってくれるのです。
ですが、完璧なクリーン状態を保つためには、ただ吹き付ければいいという訳ではありません。その気流を“てなずける”ことが重要なのです。

〈FFU〉活用時の気流のてなずけを覚えよう

ここでは、クリーンブース、クリーンベンチにおける気流のてなずけをおさらいしながら、FFU活用時に気をつけるべき注意点をご説明します。前項で記述した、給気と排気のバランス管理がきわめて重要となりますのでご注意ください。

上の図は、一般的なクリーンベンチにおけるFFUの空気の流れを、側面から見ているイメージで図示したものです。空気吹き出し口の面積が天井など取り付け面の平面積より狭くなっていたら、一時的にでも流れていた空気がその場所で通り道をふさがれて滞留することは、誰でもお分かりになると思います。気流滞留域と呼ばれるその場所は、FFUの給気を管理する上で、もっとも注意が必要な場所のひとつです。

実はこの滞留域は、気流の方向が変わる場所でも発生します。そこでは、汚染粒子の排出が難しい場合があるので注意しましょう。

左ページの図は、FFUを活用する場合の局所クリーン化ラインの構築事例です。自工程での清浄化を必要とするポイントをしっかりと把握して、気流滞留域などにも気を配りながら、効果的な局所クリーン化を実現してください。

側面から見た 汎用クリーンベンチの気流イメージ

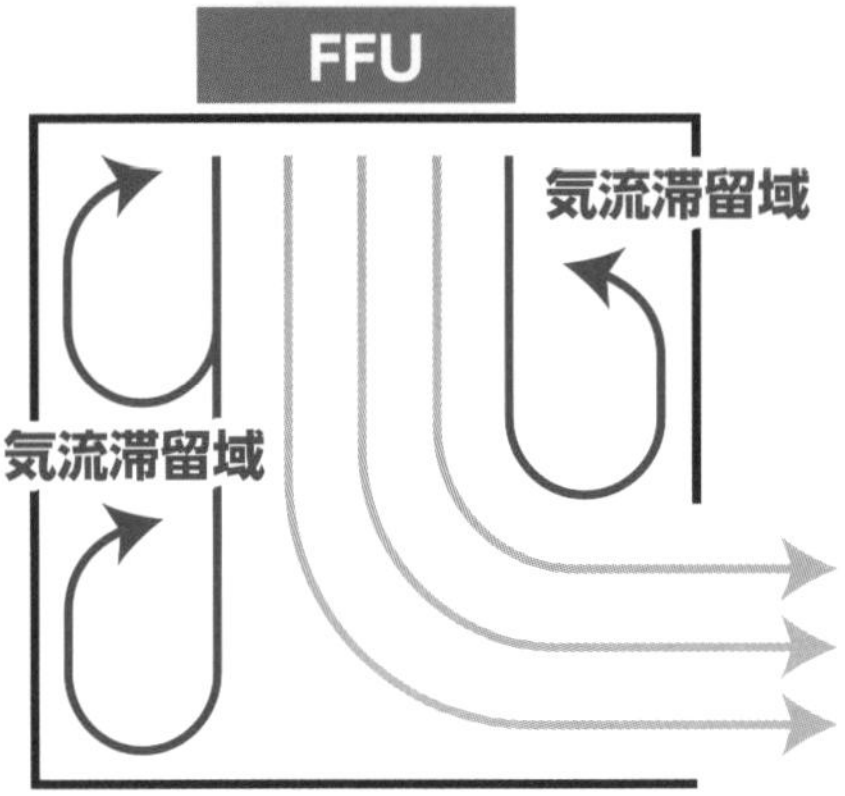

天井の平面積よりFFUからの清浄空気の給気面積が小さい場合には、**気流滞留域**に注意！

FFU活用時の局所クリーン化ライン構成事例

&確認すべきポイント

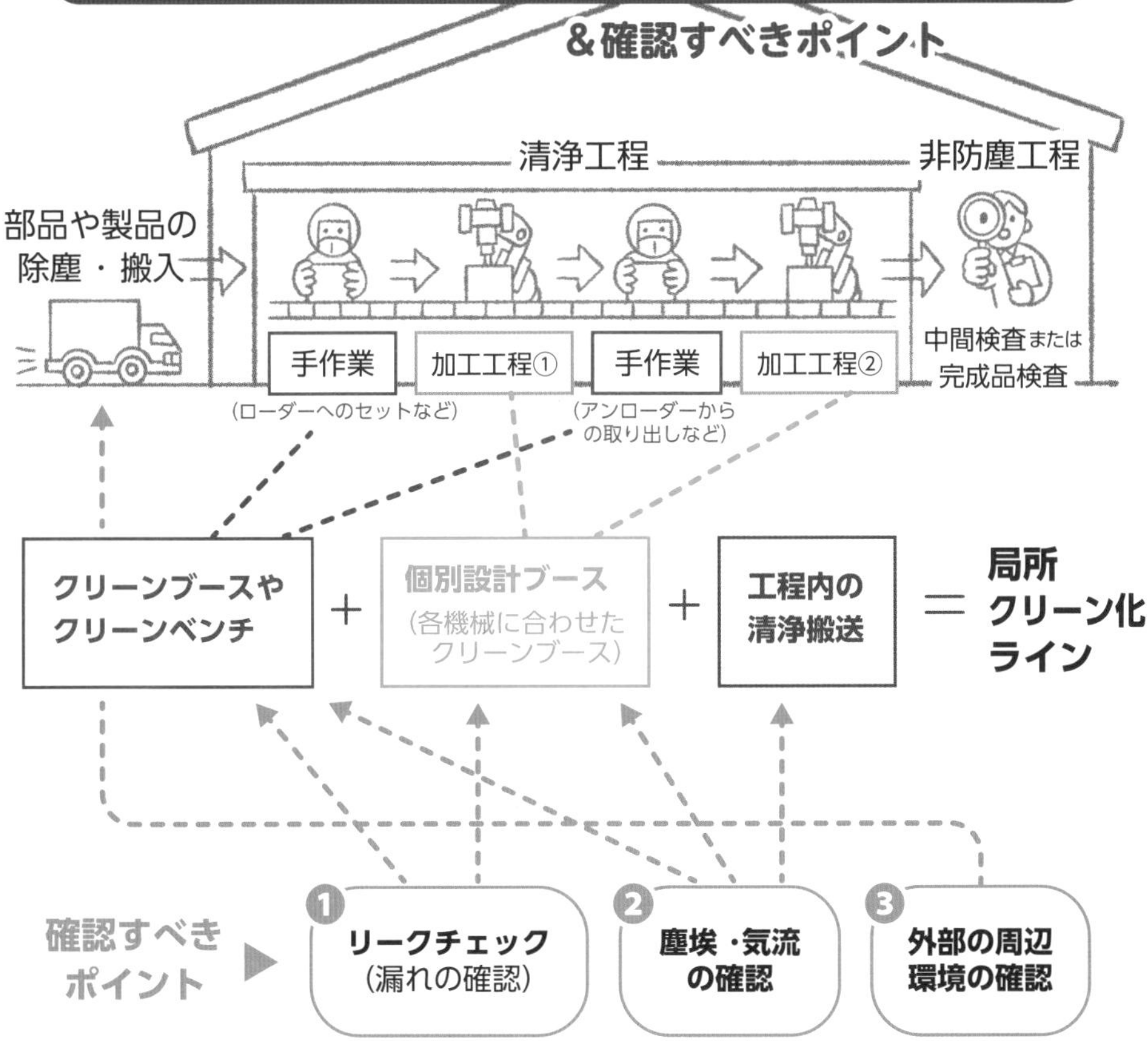
清浄工程
非防塵工程
部品や製品の
除塵・搬入
手作業
加工工程①
手作業
加工工程②
中間検査または
完成品検査
（ローダーへのセットなど）
（アンローダーから
の取り出しなど）
クリーンブースや
クリーンベンチ
＋
個別設計ブース
（各機械に合わせた
クリーンブース）
＋
工程内の
清浄搬送
＝
局所
クリーン化
ライン
確認すべき
ポイント
① リークチェック
（漏れの確認）
② 塵埃・気流
の確認
③ 外部の周辺
環境の確認

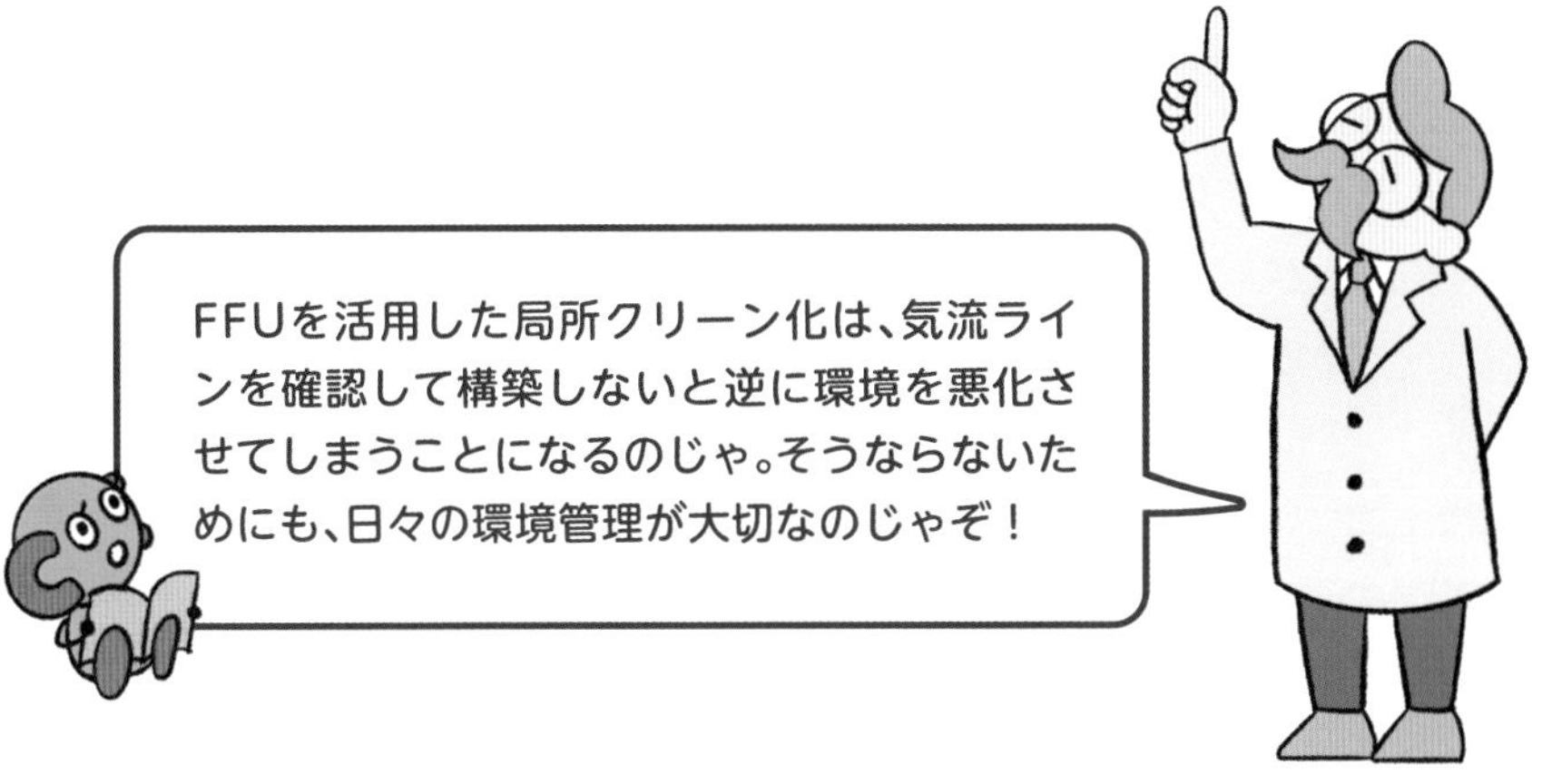
FFUを活用した局所クリーン化は、気流ラインを確認して構築しないと逆に環境を悪化させてしまうことになるのじゃ。そうならないためにも、日々の環境管理が大切なのじゃぞ！

〈FFU〉の理想的な取り付け方法とは

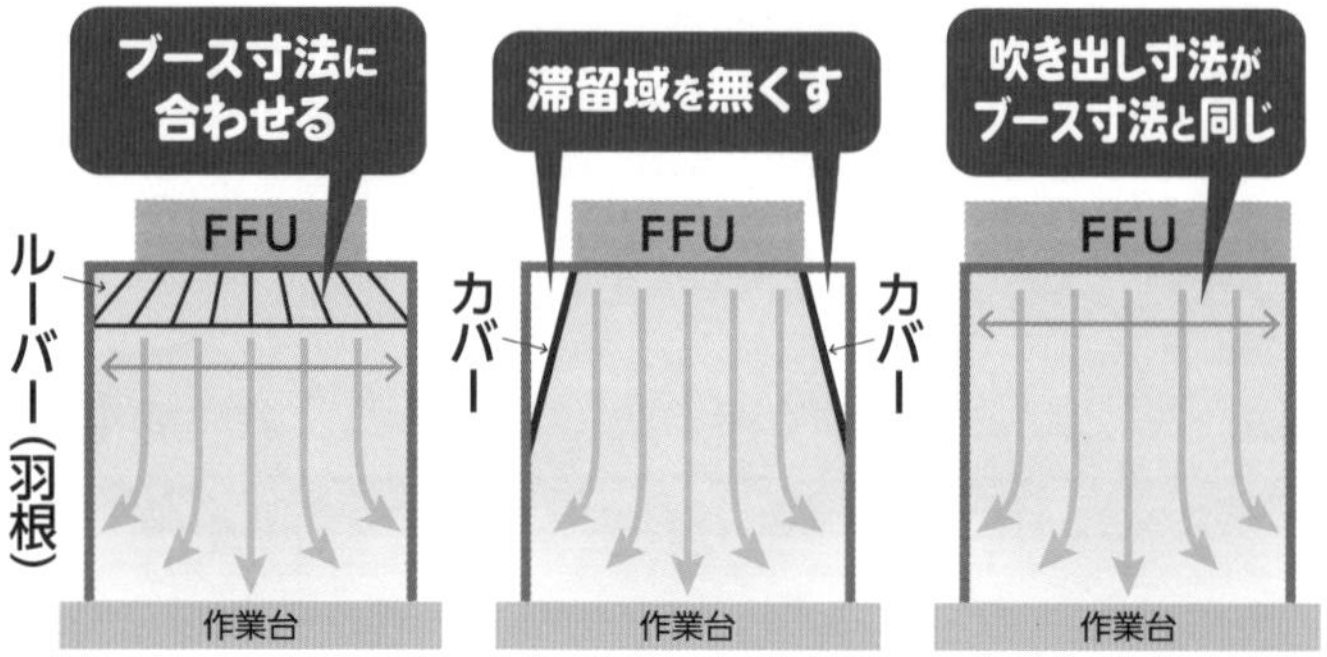
ブース寸法に合わせる
滞留域を無くす
吹き出し寸法がブース寸法と同じ
FFU
FFU
FFU
ルーバー（羽根）
カバー
カバー
作業台
作業台
作業台

HEPAフィルターを通過した気流があり、清浄なエリア

実際には、パーティクルカウンター、気流可視化装置などで測定・確認しながら加工点を評価し、適切な環境領域を確保できるように、気流をてなずけていきます。

ここでは、FFUの理想的な取り付け方、およびそれを使用して〝気流のてなずけ〟効果を高める3つの手法を、実際の事例でご紹介しましょう。まず上の図をしっかり頭に入れてからお読みください。

上表の右端は、FFUの本体幅にブースの本体幅がピタリと合っている状態、もしくはFFUの吹き出し口の寸法幅をブース本体幅に合わせた場合のイメージ図です。ピタリと同じであれば、サイズ違いによる気流の滞留域は発生しないため、これを理想的な清浄環境構築のためのベストとして挙げたいと思います。

FFU吹き出し口の幅とブースの本体幅が異なり、吹き出し口の幅が小さい場合、気流のデッドゾーン、いわゆる気流滞留域ができてしまいます。そうなると、その滞留域に粒子排出が滞ってしまい、加工点への気流が不足することから異物不良発生のリスクが増してしまうことになります。これでは、気流をてなずけることは容易ではありません。

中央は、FFUの吹き出し幅より本体幅が広い場合です。気流のデッドゾーンを面取りして滞留域を最小化し、異物滞留時間をできる限り縮めるように環境構築する必要があります。面取りのためのカットなどがで

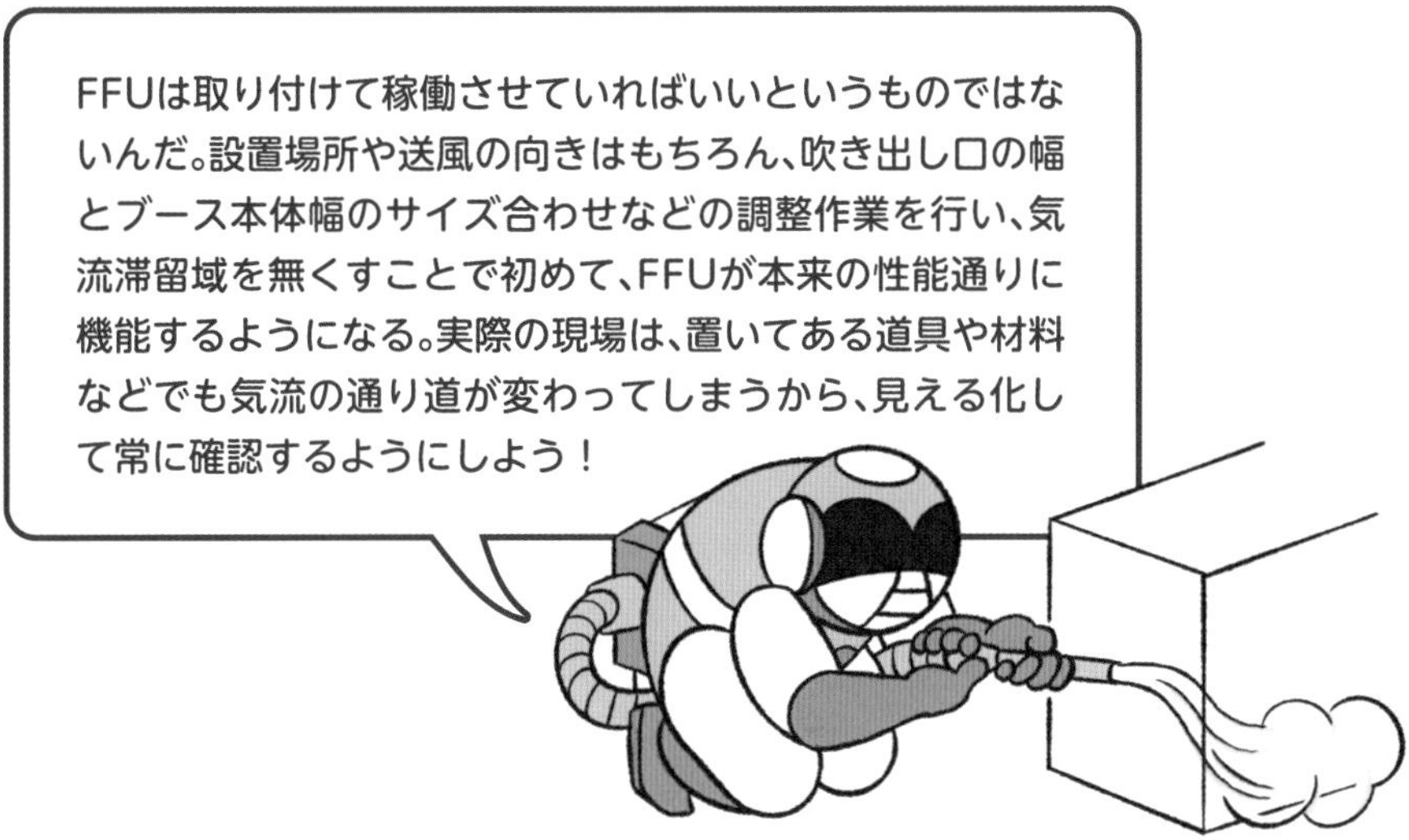
FFUは取り付けて稼働させていればいいというものではないんだ。設置場所や送風の向きはもちろん、吹き出し口の幅とブース本体幅のサイズ合わせなどの調整作業を行い、気流滞留域を無くすことで初めて、FFUが本来の性能通りに機能するようになる。実際の現場は、置いてある道具や材料などでも気流の通り道が変わってしまうから、見える化して常に確認するようにしよう！

きない場合は、本体内側に制電ビニールシートなどを使い、静電気の発生を防止しつつ、面取り部を構築しましょう。これにより、気流滞留域の発注を防止し、気流をてなずけて異物不良発生のリスクを下げることができるでしょう。

左端も本体幅が広い場合ですが、その改良策を講じた例です。ＦＦＵの吹き出し部にルーバーを取り付けて、気流のデッドゾーンができないように空気の流れを拡げて、てなずけています。ルーバーによって気流の幅を拡げることで風向の三次元制御ができ、その結果、理想的な清浄環境により近いイメージで気流をてなずけることができるようになるはずです。

ＦＦＵの吹き出し寸法と本体寸法を合わせる、またはルーバーなどで気流の軌跡を拡げて合わせれば滞留域を無くすことができます。そうして気流をてなずけられれば、ＦＦＵの清浄空気を利用した局所クリーン環境構築ができたということです。

しかし、実際の運用時には治具や設備が作業台の上などに置かれ、設定時とは環境が変化しているものです。道具の移動などで一時的に変化することもあるでしょう。だから、ミストトレーサーなどの気流可視化装置やパーティクルカウンターなどを使用して、加工点が十分に清浄気流で満たされ、ゴミ・異物不良発生のリスクが排除されているかを確認することが、気流をてなずけるためには絶対に必要となります。気流の可視化とそれによる確認・評価は必ず実施しましょう。

局所環境づくりの悪い事例を一挙紹介！

NG 設置された〈FFU〉の周囲に隙間があるケース

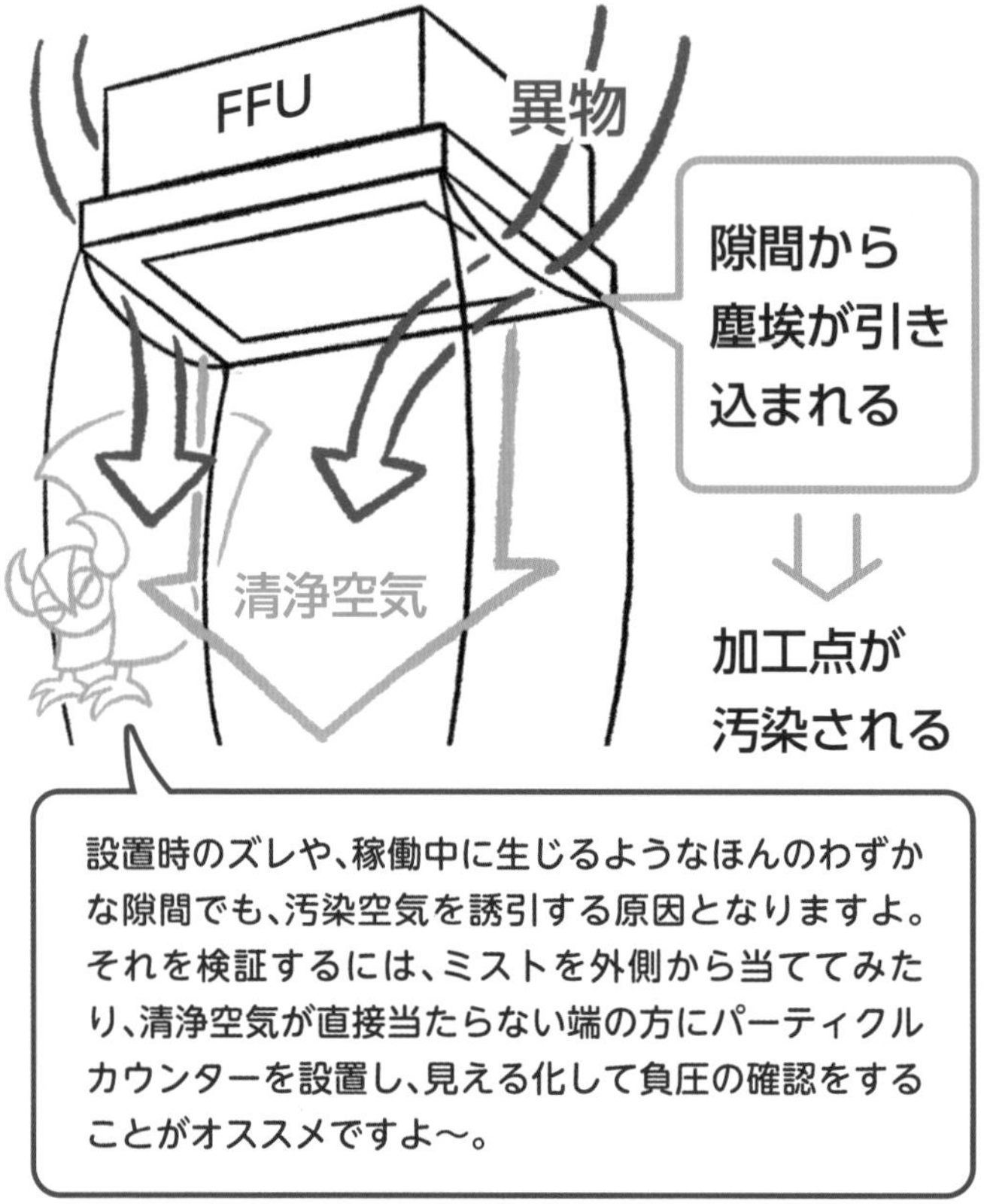
FFU
異物
隙間から
塵埃が引き
込まれる
清浄空気
加工点が
汚染される
設置時のズレや、稼働中に生じるようなほんのわずかな隙間でも、汚染空気を誘引する原因となりますよ。それを検証するには、ミストを外側から当ててみたり、清浄空気が直接当たらない端の方にパーティクルカウンターを設置し、見える化して負圧の確認をすることがオススメですよ〜。

最初にご紹介するのは、多くの現場で見かけるFFUの設置方法とその落とし穴。上の図は、組立工程などの加工点の上部フレームに設置されたFFUの事例です。

本当はFFUの吹き出し口部分の寸法に合わせて天井を切り取り、清浄空気の通り道を作らなければならないのですが、吹き出し口の寸法、もしくはFFU本体寸法を間違えたのか、FFUの周囲に隙間が空いています。隙間があると、FFUの特性上、下部の吹き出し口部分が負圧化され、周辺の清浄化されていない空気が隙間に誘引されて加工点に導かれてしまいます。FFUがフレームの上に乗って稼働してさえいれば清浄環境構築ができる訳ではありません。汚染空気の誘引侵入には万全の注意を払ってください。

NG 2台の〈FFU〉からの空気が作用し合うケース

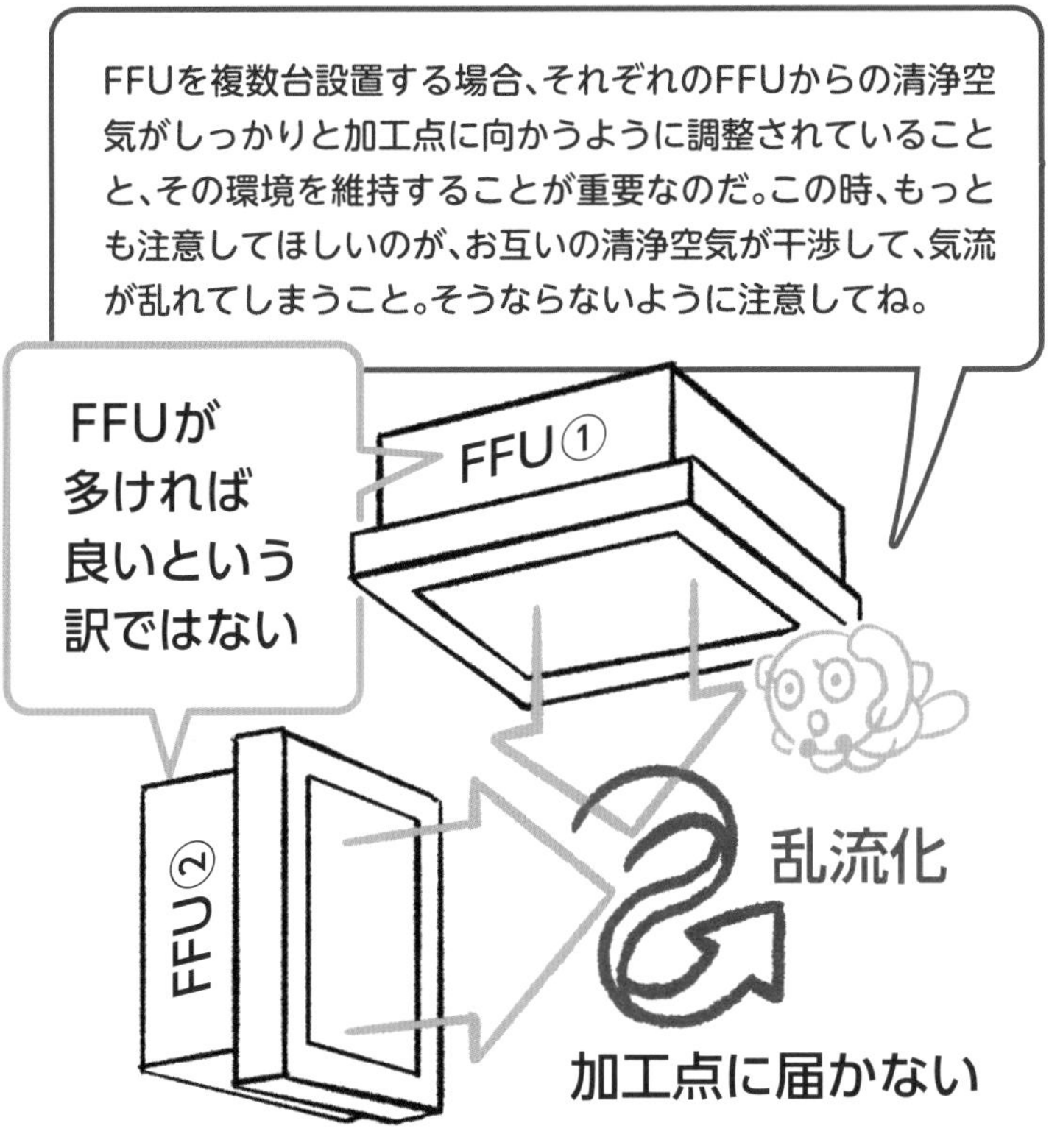
FFUを複数台設置する場合、それぞれのFFUからの清浄空気がしっかりと加工点に向かうように調整されていることと、その環境を維持することが重要なのだ。この時、もっとも注意してほしいのが、お互いの清浄空気が干渉して、気流が乱れてしまうこと。そうならないように注意してね。
FFUが多ければ良いという訳ではない
FFU①
FFU②
乱流化
加工点に届かない

上の図は、加工点で組立工程や導通チェック、表示検査をしている工程でのFFU設置の悪い事例です。

設置は上方と前方の2カ所。それぞれからフィルトレーションされた空気の供給がされています。しかし、その2カ所からの清浄空気が不幸にも空中でぶつかり合い、気流ベクトルが合成されたことで、清浄空気が肝心の加工点まで到達せず、斜め前方に流れてしまっていました。加工点の清浄化と異物不良を撲滅したいという気持ちは分かりますが、2台取り付けたことで、倍の効果が得られるどころか、逆に効果が得られない状況に陥っていたのです。

FFUは、台数が多ければ良いというものではありません。配置、設置方法などに十分注意して、しっかりと気流を把握し、てなずけ、加工点にとって最良の環境構築をして欲しいと思います。

NG 〈FFU〉による清浄空気が加工点に到達しないケース

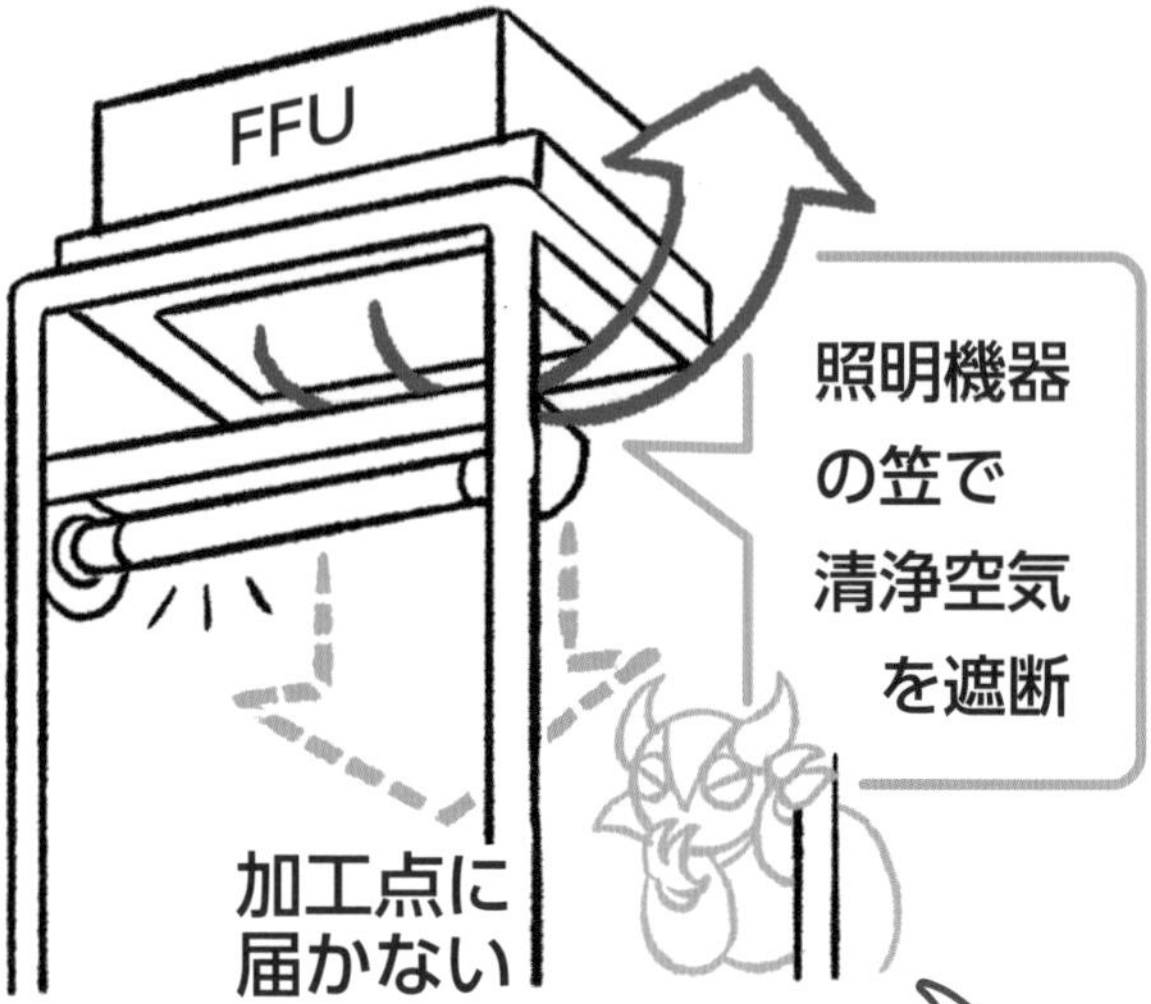
FFU
照明機器の笠で清浄空気を遮断
加工点に届かない

FFUから出てくる清浄空気を遮らないよう、加工点とFFUの間には何も置かないことが鉄則ですよ。照明器具などの設置物はもちろんですが、常時は使っていない資材や機材を置いても、それらが気流の邪魔になり、清浄空気が加工点に届かなくなってしまうので注意しましょう。

上の図は、局所クリーン環境の構築にあたって、加工点や保管場所に対してＦＦＵで清浄空気を送ろうとしているのですが、何らかの理由で送りたい場所に空気が届かないというケースです。

確認すると、なんとクリーンブース内を照らしている照明器具の笠が邪魔をして、狙いである加工点・保管場所に清浄空気が到達していませんでした。これでは、せっかく清浄空気がＦＦＵから供給されていても、それを活かすことができません。

ＦＦＵの吹き出し口と清浄空気を送りたい加工点や保管場所の間には、気流の妨げとなるような物を置かないということ、ＦＦＵ設置時には、それらをすべて排除しておくこと。そうしなければ、ゴミ・異物不良を引き起こすということを、しっかり理解してほしい事例です。

NG 周囲の空気の流れに影響されているケース

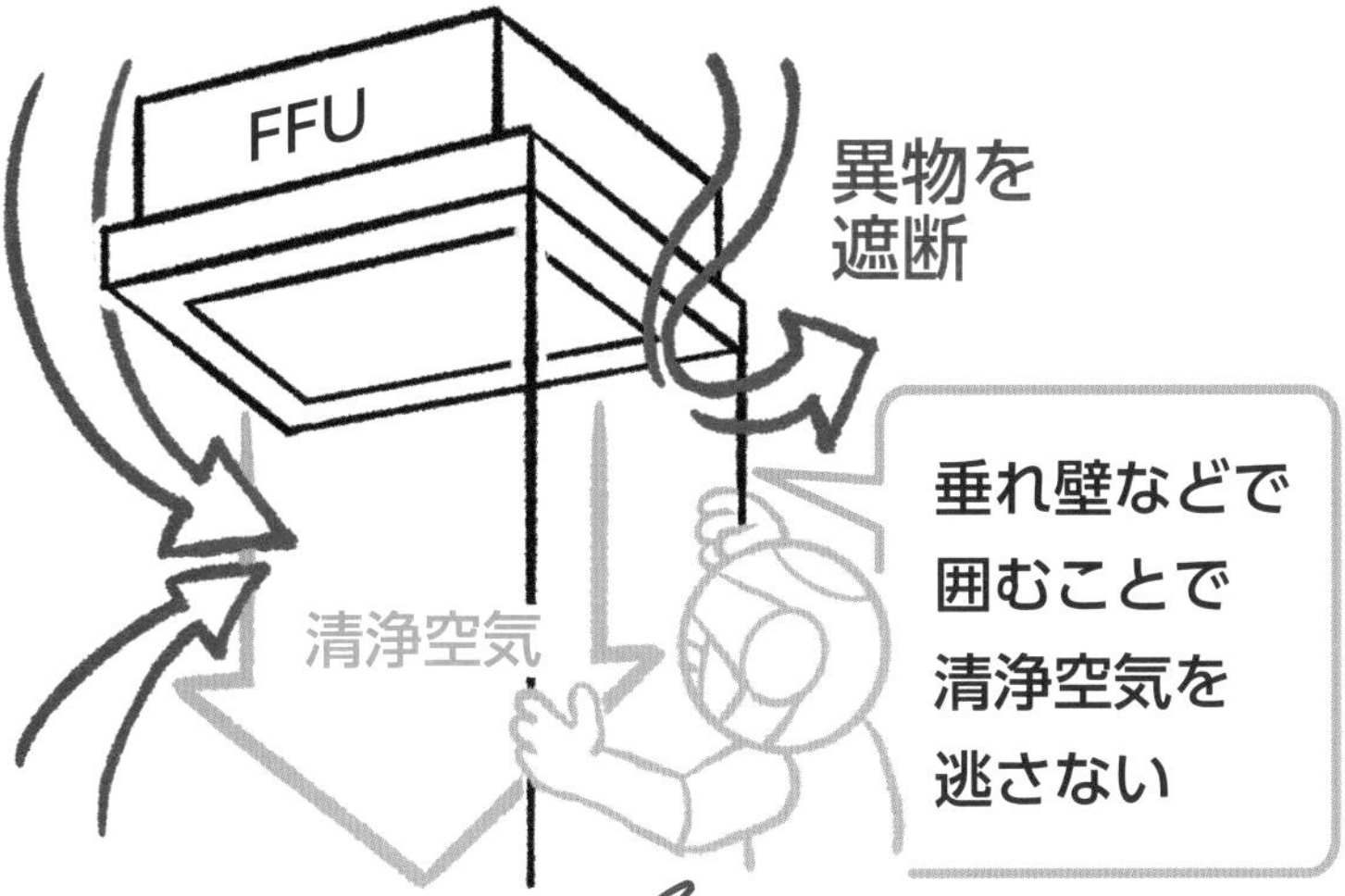
FFU
異物を
遮断
清浄空気
垂れ壁などで
囲むことで
清浄空気を
逃さない

ここまでの説明で、FFUの設置には正確性が求められることが分かったと思います。しかし、既存の作業環境にFFUを設置する場合には、適切にできないこともあります。その際には、有効に機能を発揮させる方法は必ずありますから、じっくりと検討してみてください。

最後は、最初にご紹介した事例と同じように、アングルの上にFFUを乗せて、加工点に対する環境構築をしているケースをご紹介します。状況を確認してみると、周囲を流れる空気の影響を受けてしまい、加工点まで清浄空気が到達していませんでした。清浄空気は外側に逃げてしまい、その結果、汚染空気が侵入することになってしまっていました。

こういう場合には、FFU下部のアングル周囲にアイリッド（垂れ壁）を設置し、気流による影響を受けないように環境構築をすることが有効です。こうすることで、加工点に対する気流に影響を与える外力を抑えることができます。また、外部からの汚染空気の侵入も防ぐことができます。その際には、加工点における気流速度は最低でも0・2m／秒以上になるように環境構築をしましょう。

局所環境づくりの好事例――こんな使い方もあります！

GOOD 手元を集中的に清浄化する

一転して、ここからは敢えてFFUを通常使用とは異なる少々変わった形で活用し、良い結果を生み出している事例をいくつかご紹介しましょう。

まずは、時計の組立工房における加工点清浄化の事例です。この工房では、作業者は顕微鏡を覗きながらムーブメントの組立作業を行っています。この時、毛羽や繊維などのゴミ・異物が組み上げている時計の中に入り込まないように、細心の注意を払わなくてはなりませんから、クリーンルームであるだけでなく、さらに手元にも完ぺきな局所クリーン化が要求されています。

もちろん、クリーンルーム内全体で空気清浄化が行われているのですが、それに加えて別のFFUを作業者の前面にも設置しているのが特徴です。そして、それを作業者に正対させず少し角度を付けて、清浄気流のベクトルを集中的に加工点へ向けています。設置環境に対して少し大きめの、1220×610㎜クラスのFFUを使用することにより、近接する部品の保管場所まで広範囲に清浄空気を送ることで、巻き込み等の気流の乱れを防ぎ、見事に気流をてなずけています。

このようにFFUを局所環境構築に用いる場合には、その工程で扱う製品の大きさや工程の中における作業者の動作がどの範囲まで及ぶのかなどを総合的に考慮して、FFUのサイズを決めるようにすれば良いでしょう。

また、現在FFUのフィルターは高性能なHEPAが主流ですが、敢えて中性能フィルターや準HEPAフィルターなど、低圧損フィルターを選択して加工点を清浄化するのも一手。特に、粗大粒子領域のゴミ・異物に対しては非常に効果的な方法です。色々なFFUのサイズやフィルターの仕様を知っていれば、自ずとその使い方にも柔軟性が生まれてくるものです。

時計組立工房のFFU活用事例

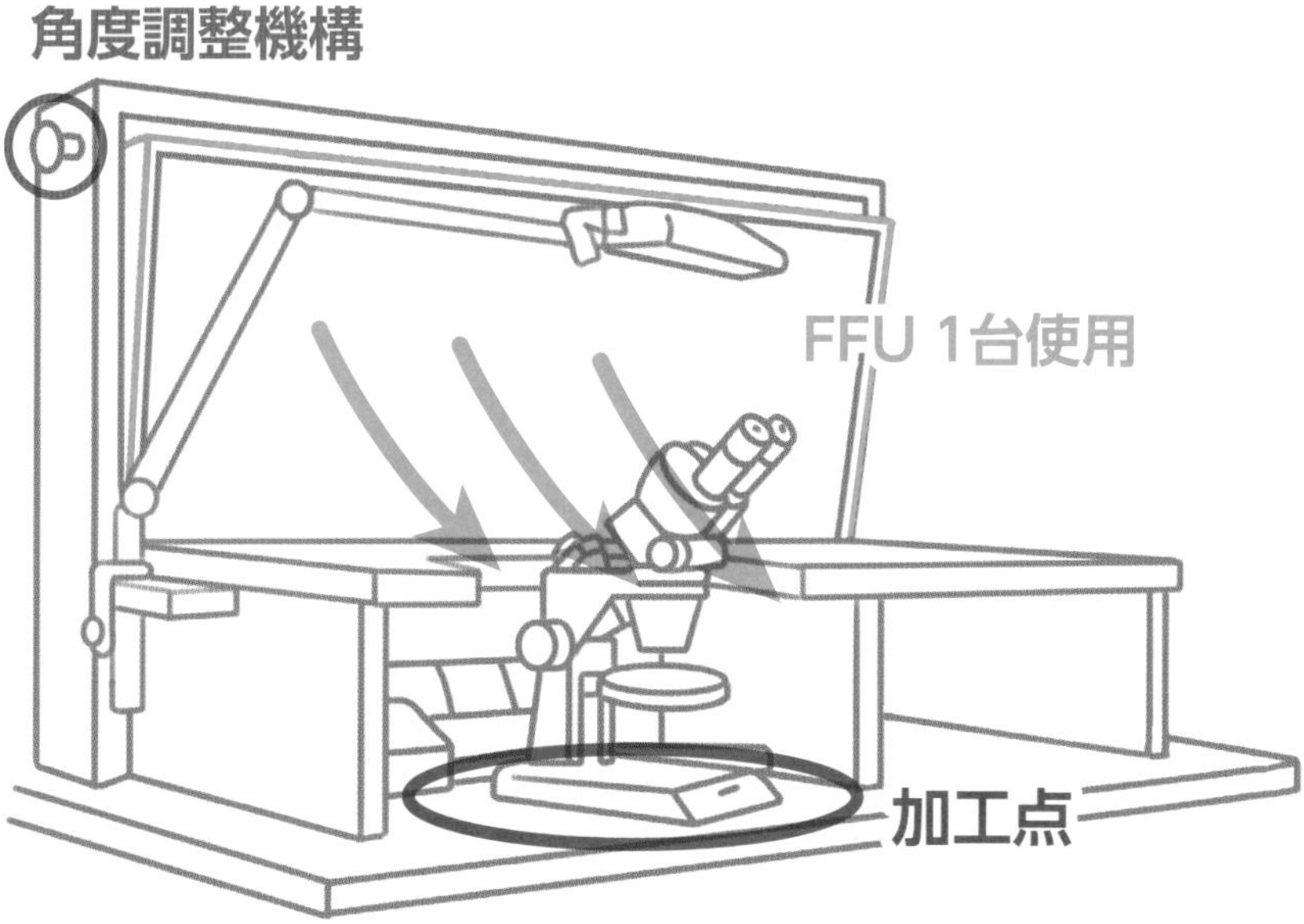

組立作業する加工点（手元）に清浄空気を供給

1mmに満たないようなパーツを1点1点組み上げた機械式腕時計のパーツ数は、シンプルな手巻きの2針、3針モデルでも100以上になるんだ。そんな微細なパーツが組み合わされた時計にとって、ゴミ・異物は大敵！ 精度が低くなるなどのトラブルにつながるから、いかに清浄空気を集中的かつ安定的に加工点に送り続けられるかが重要なんだ。

GOOD 清浄空気の水平気流を活用する

左ページの図は、電子機器製品のリペア／調整工程でのFFUの活用事例です。作業者の左にあるエアコンの室外機のような箱がFFUですが、本体を敢えて直立させて設置し、清浄空気の水平気流を発生させ、その水平気流を活用する作業形態になっています。リペア作業は、作業者が立ったまま、製品を中心に様々な角度・方向に動き回りながら行われますので、その手元となる高さに水平気流を発生させ、クリーン化に利用している訳です。

座り作業とは異なり、作業者の動きが1点に集中せず、その都度計測機器を取りに行くなど、行動範囲が広くなりがちです。そのため、加工点も製品と同サイズの大きな点となり、局所クリーン化が難しいのですが、その打開策として、横付けしたFFUからの水平気流を使用してクリーンゾーンを創出しています。

但し、作業者は動き回れても、FFUは動くことができません。ですから、その水平気流を遮るように作業するのは絶対にご法度。FFUが、対象エリアに対して常に清浄空気を供給し続けることができる環境とし、対象となる製品は、常にクリーンゾーンの中心、もしくは範囲内に置くことが大切です。

筐体が大きい製品の場合、動かす際はもちろん、保管時でも周辺に気流の乱れを生じさせることがあります。近接する清浄エリアに影響を及ぼす可能性もありますので、注意してください。

また、リペアなどの対象となる製品には、粗大粒子による汚染防止が最重要となるものが数多くあります。その場合は、FFUで使用するエアフィルターには「低圧損フィルター」を選びましょう。HEPAフィルターのように高性能ではありませんが、粗大粒子には十分です。圧力損失を最大限に防止し、吹き出し初速を上げることができるフィルターなので、粗大粒子による汚染防止に効果を発揮してくれるはずです。

FFUを直立設置する事例

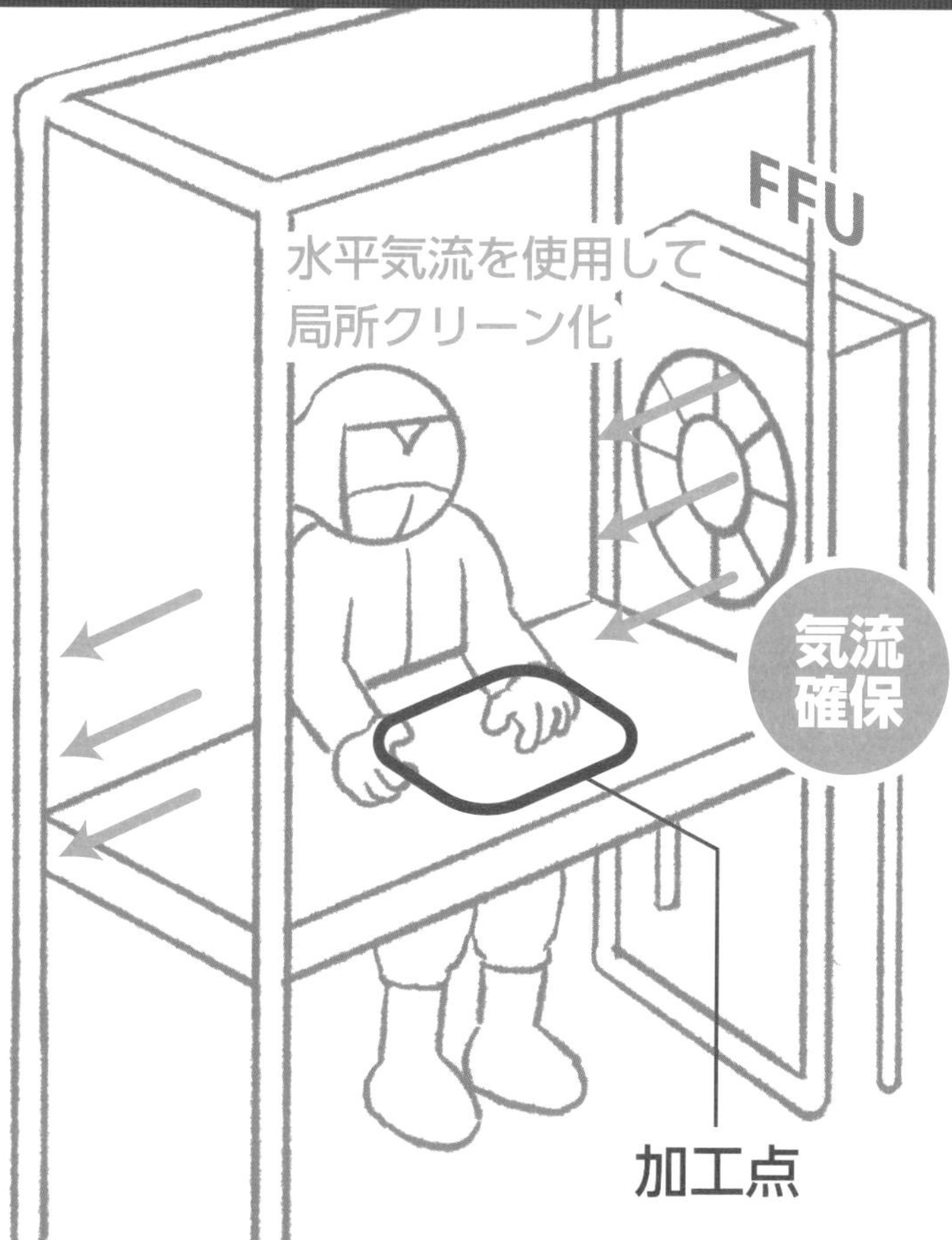
FFU
水平気流を使用して
局所クリーン化
気流
確保
加工点

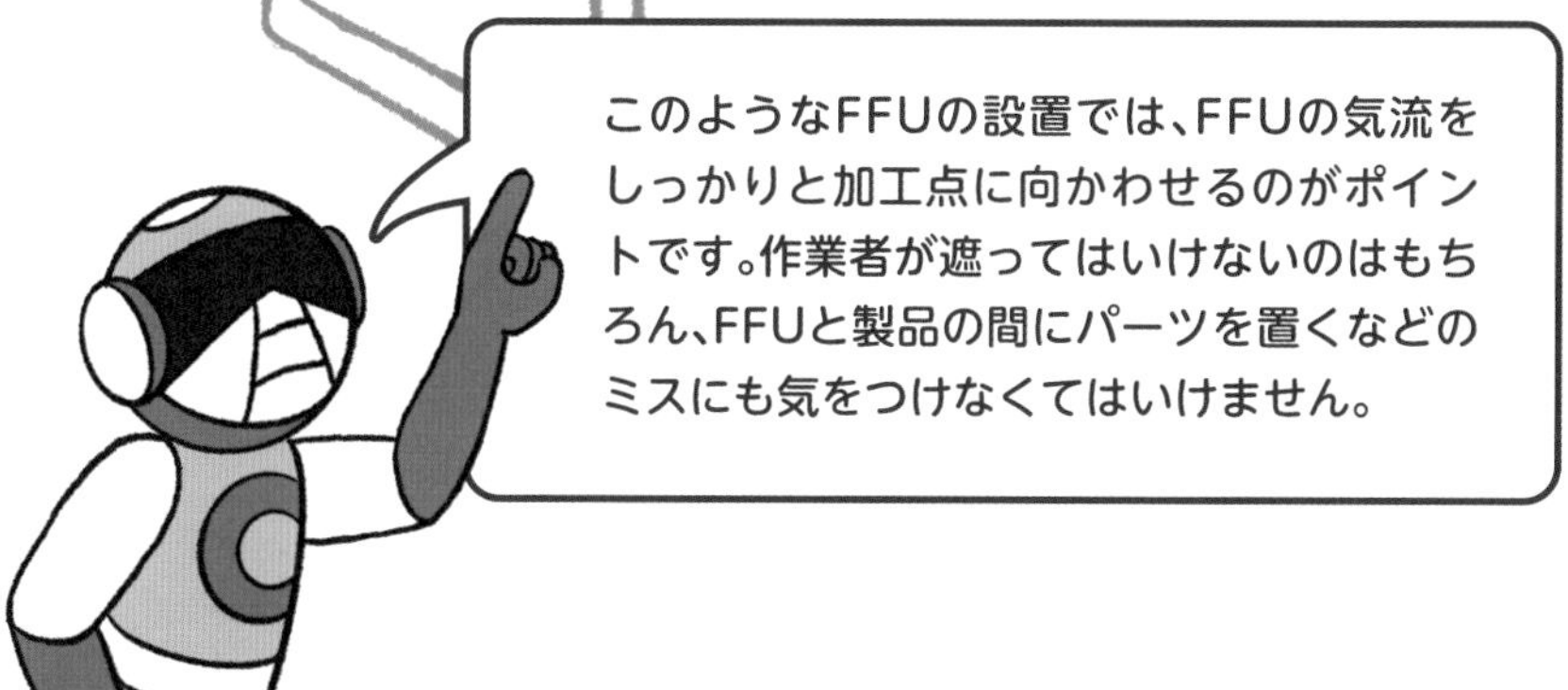
このようなFFUの設置では、FFUの気流をしっかりと加工点に向かわせるのがポイントです。作業者が遮ってはいけないのはもちろん、FFUと製品の間にパーツを置くなどのミスにも気をつけなくてはいけません。

GOOD ひとりで多工程を担うラインでは

左ページの図は、局所クリーンブースを円形に配置し、ひとりで多工程を担うラインを構築している事例です。FFUは、それぞれの単位作業ごとの小型クリーンベンチ上部に設置されています。

このようなケースにおけるポイントは、それぞれの作業工程ごとに局所環境がキチンと構築できているか、ということに尽きます。局所環境内にしっかりと正圧を確保し、外気や汚染空気を中に入れないこと。そして、局所クリーン化による清浄空気が加工点に正確に届くだけでなく、エリア内に行き渡るように気流をてなずけることが重要となります。

現場では、一般的に5工程くらいまではひとりで担当することが多いと思いますが、それ以上の多工程になった場合は、複数人数で工程全体を担当すると思います。その場合には、各工程を担当するメンバーがゴミ・異物に対して共通認識を持ち、対策の足並みを揃えることも重要です。

多工程の構築については、円形工程もあれば直線状に移動する場合もありますが、左ページの図のような円形配置は、移動距離を短くすることで、立作業の疲労軽減や生産性向上を期待したもの。局所クリーン化においても目が届きやすく、複数人数で構成する多工程でも共同歩調が取りやすいなどのメリットがあります。各工程にクリーンブースが設置され、その上部にそれぞれFFUが設置されていますが、複数の工程でも単位作業ごとのFFUがしっかりと清浄化機能を発揮する、局所環境づくりの好応用事例と言えましょう。

以上、現場での局所クリーン化の取り組み事例を7例ご紹介してきました。良い事例も悪い事例もありましたが、自工程でのFFUの使用に際して、近似のケースがあれば、ご活用いただければと考えます。

ひとりで多工程を担う場合は、各工程の単位作業ごとに加工点を清浄化し、作業者からの汚染を防止する“正圧確保”がポイントです。作業者が動く範囲を狭めるなどの工夫や、エリア内の作業テーブル上にできる限り機器を設置しないなど、清浄空気が漏れなく行き渡る工夫が大きな効果につながります。

気流をてなずけ、局所クリーン化を実現する八カ条

其の一
局所クリーン化技術は、清浄環境を
非常に効果的に構築できる手法と言えます。

其の二
環境構築においては、
その工程の対象汚染物質を
できる限りしっかりと捉えましょう。

其の三
環境構築においては、気流の設計、
デザインを確実に行いましょう。

其の四
其の三の対象となるポイントは、
加工点／保管場所／搬送系の3つ。
この3点での気流を確実にてなずけましょう。

ここまでじっくり読んでくれた皆さんには、上記の八カ条こそ、ゴミ・異物対策でもっとも重要だということが分かるはずだよね。だからこそ、改めて肝に銘じて、この八カ条を暗誦できるくらいになってくれると嬉しいな！

其の五

目論見通りの環境構築かどうかの評価を確実に行うこと。てなずけには評価が重要であることを認識してください。

其の六

局所クリーン化には、「絶対」はありません。周辺にも心を配り、汚染源を入れないように配慮してください。

其の七

局所クリーン環境周辺では、作業者／生産装置などからの発塵にも気を配りましょう。

其の八

周辺環境にはゴミ・異物が堆積しやすいので、排除／除去に注力しましょう（清掃が大切！）。

現場環境や工程は職場によって様々です。しかし、例えどんな現場であっても、この八カ条が当たり前のように行えるようになれば、ものづくり現場の局所クリーン環境構築が可能になるはずです。頑張りましょう！

Special Column 6

異物を嫌う環境でのエアーガン除塵作業は、百害あって一利なし！

銃を撃つ場所は、決まっています。

クリーンルームなどの清浄環境では、ゴミ・異物は大敵。製品に付着したゴミ・異物を見つけたら、すぐに「除去しなきゃ！」となりますよね。

でも、ちょっと待ってください。そこで登場するのがエアーガンなんてことは、無いですよね!?

実際の現場では、除塵の手段としてエアーガンを使用する方は多いと思います。もちろん一時的には、その空気で除塵できることもあるでしょう。でも……考えてみてください。吹き飛ばされた異物は、何処へ行くのでしょうか？

エアーガンから吹き出される空気の速度は、なんと秒速20m～30mにも及びます。そんな大型台風並みの気流が発生したら、たちまち生産環境内の気流は乱されてしまいます。それだけでなく、堆積していた塵埃を再飛散させてしまうのは、火を見るより明らかです。

除塵したつもりが、実際には次の異物不良発生の要因になってしまうようでは本末転倒。「清浄環境内でエアーガンを使用する際は、排気設備の整った局所排気ブース内で行うこと」という認識を持ち、徹底しましょう。コレ、鉄則です。

実は、一度付着してしまったゴミ・異物を後で除去するというのは、厄介なことです。つまり、はじめから付着させない取り組みが一番大事なんですよ！

この1冊を振り返って…

最後に、ここまで読んでいただきました第1章と第2章を総括してみましょう。

まず第1章で重要なのは、ゴミ・異物を“可視化＝見える化”することから、対策が始まるのだということです。見える化は、単純に生産環境を良くするだけではなく、作業者の心理にも好影響をもたらすなど、多岐に渡る効果が見込まれますから、皆さんが考える以上に重要なのです。

第2章では、異物不良の伝播経路を絶つ工夫や、気流をてなずける工夫を行うことで効果的な対策を実施することが可能になることをお伝えしてきました。そのためには、“現状把握”と“環境構築評価”をしっかりと行うことがとても重要になります。

それらを踏まえた上で、136～137ページでご紹介した八カ条を念頭におき、ゴミ・異物不良対策と向き合ってください。そうすることで、作業者や製品、そして企業にとってもより良い環境になることは間違いありません。頑張ってください。

索引&用語解説と補足

ここには、現場での登場頻度が高い用語、重要だと考える用語をまとめてみたんだ。本文中で詳しく説明している用語については、ページ数のみを記載しているよ。それ以外の用語で本文の説明だけでは足りないと思うものについては補足したから、ぜひ読んで参考にしてくださいね!

ア行

□**アイリッド（垂れ壁）……P80、P１２９**

周囲を流れる空気の影響を抑えるべく、ＦＦＵの吹き出し口を囲むように設置する垂れ幕。

□**暗視野照明法（斜光）……P44、P50～53**

□**アンローダー（ＵＬ）……P15～16、P１２３**

製造現場では、装置やライン内から製品を自動で取り出す機械・装置のことを指し、一般的には自動で製品を搬送・設置する装置がローダー、自動で製品を取り出す装置をアンローダーとして区別しています。ガラス基板やシリコンウエハーの製造現場では、基板供給装置をローダー、基板収納装置をアンローダーと呼ぶのが一般的です。

□**エアシャワー……P88～89**

クリーンルームの出入口に設置される、上下左右から高速の空気を噴出させ、対象に付着したゴミ・異物を吹き飛ばす装置。作業者や搬入物に付着した汚染物をクリーンルーム内に持ち込むことを防止する目的で設置されます。

□**エアフィルター……P１０２、P１１３、P１１７**

ＦＦＵなどで清浄空気を作り出すために異物を除去するフィルター。高性能なＨＥＰＡフィルターやＵＬＰＡフィルターを付けておけば安心というのは誤りで、敢えて圧力損失の少ない準ＨＥＰＡや中性能フィルターを選んだ方が良いというケースもあるので要注意。他に、化学的な異物をより効果的に除去できるケミカルフィルターなどもあります。

□**鉛直成分……P98**

重力の働く方向が鉛直方向、それと90度の角度を為す方向が水平方向。ある物体に対して任意の方角に力が働いている時、その力を鉛直方向と水平方向に分解して表現する際に、「鉛直成分」「水平成分」と言います。

□**音仮温度……P98**

超音波風速計で測定される温度のことで、語源は英語の「sound virtual temperature」。正確には本来の温度とは異なりますが、一般的に両者の差は非常に小さく、誤差は無視しても差し支えないレベルです。

カ行

□**加工点……P104**

製品が組立、修理される場所を指し、製品の価値を決定する重要なポイント。加工点を重点管理することで、品質確保だけでなくコストダウンや納期短縮、省資源・省エネルギー、安全性の向上（リスク低減）なども期待できます。

□**局所クリーン化……P106～115**

□**クーロン力……P26**

ふたつの電荷（荷電粒子）間で働く力。大きさは距離の2乗に反比例し、両方の持つ電荷の積に比例するという「クーロンの法則」に従います。電荷の符号により、引力や反発力（斥力）に変化するので注意が必要です。

□**クリーン手甲……P22、P116**

手甲とは、手に装着することで挟み事故や衝突事故の衝撃を緩和するための装身具。防塵性の高いクリーン手甲を装着することで、袖口からの発塵を防止する効果が期待できます。

□**クリーンブース……P106、P118～119**

クリーンルーム内または一般環境下にて局所的にクリーン環境を構築する設備。スチールやアルミのフレームを制電ビニールシートで囲むタイプのクリーンブースも数多くあります。

□**クリーンベンチ……P106、P120～123**

ゴミ・異物、浮遊微生物などの混入を防ぐべく、周辺より高い清浄度レベルになるように管理された、囲いの付いた作業台。クリーンルーム内に設置されるケースもあります。

□**クリーンルーム……P22、P28、P74、P78～80、P106**

浮遊する微粒子や微生物の数が一定のレベル以下の清浄度に管理され、不純物やゴミを持ち込まないようにするための各種設備が整っている部屋を指します。

サ行

□**三次元超音波風向風速計……P90～92、P97～99**

□**室間差圧……P74、P79**

室間差圧とは、隣り合った部屋（区画）に空気の圧力差を設けた状態。室間差圧制御とは、その気圧差を利用して空気圧の高い部屋から低い部屋への気流を作り、施設内の複数の部屋のクリーン度を管理する制御技術を指します。

□**斜光→暗視野照明法**

□**シャルルの法則……P69**

一定体積の気体の0℃およびt℃における圧力Po および p の間には関係式 p=Po(1+t/273) が成り立つという法則。絶対温度 T=t+273.15 を用いれば、前式は p/T=一定とすることができます。

□**シリコンウエハー……P50**

表面を鏡面に磨き上げ、微細な凹凸や微粒子を限界まで排除した、極限まで平坦・清浄な円板。半導体の重要な基盤材料で、全物質中、もっとも高い平坦度を誇ります。

□**シロキサン……P14**

ケイ素(Si)と酸素(O)が交互に結合してポリマーが形成された状態を指し、結合エネルギーが炭素結合の1・25倍と大きく、安定しているのが特徴。撥水性、潤滑性、電気絶縁性を併せ持ち、ガス化したシロキサンが導通部位で結晶化しての絶縁不良、光学系製品ではガスによる曇りの発生、塗装工程では塗料を弾いてしまうなどの事例があります。

□**正圧(陽圧)……P18**

室内の気圧が外より高い状態。室内に空気を入れない働きが生じるため、外の汚染された空気が室内に侵入することを防ぎます。

タ行

□**大気塵……P18**

大気塵の中でも浮遊粒子状物質(SPM)は、大気中に浮遊する粒子状物質のうち、粒子径が10㎛(1㎛は1㎜の1000分の1)以下のものを指します。大気中に長期間滞留するため、ゴミ・異物対策の大敵です。

□**多工程(多工程持ち)……P134~135**

ひとりで多工程を担えるように設定されたライン。局所クリーンブースを円形に配置するのが効果的です。

□**タフト法……P76、P90~91、P94**

□**垂れ壁→アイリッド**

□**超純水……P76**

水の浄化技術により、限りなく純粋なH_2Oに近づけた高純度な水。含有する固形物や塩類、溶解している気体も除いた水を指します。一般的な純水の電気抵抗率が0・1~1・5MΩ・㎝程度なのに対し、超純水は理論純水の電気抵抗率18・24MΩ・㎝に限りなく近いのが特徴です。

□**チンダル現象……P44~P49**

□**トレーサー……P76、P90**

英語表記は「tracer」で、意味は「追跡するもの」、または「追跡子」。液体など流体の流れや特定の物質を追跡するために使われる、微量添加物質や性質を指します。

ハ行

□**パーティクルカウンター(微粒子計測器)……P28**

気体や液体中の微細なゴミ・異物を計数する計測器。計測器の流路を通過する微粒子にレーザー光を当て、その微粒子からの散乱光の強さを電気信号（パルス）として大きさを判定し、数についてはパルスの数で判定します。

□**ハレーション**……P51

元々は写真・映像用語で英語では「halation」。光が強く当たり過ぎて、その反射などにより白くぼやけてしまい、対象がはっきり見えなくなる現象を指します。

□**非一方向流方式（乱流方式）**……P28

クリーンルーム内に送られる清浄空気で複数方向に乱れた流れを作り、微粒子や有害物質を均等に拡散させることで均一な清浄度を維持する方式。対する一方向流方式は、同様の清浄空気が一定の速度で一方向に流れることで、クリーンルーム内の微粒子や有害物質の拡散を最小限に抑えようという方式です。非一方向流方式には、清浄度の均一性だけでなく、作業領域の変化に柔軟に対応できる、エネルギー消費が低いなどの長所があります。

□**ピエゾ抵抗素子**……P88

ピエゾとは圧電素子で、英語表記は「piezoresistive element」。圧力によって半導体などの電気抵抗値が変化するというピエゾ抵抗効果を応用した素子を指します。一般的には、ピエゾ抵抗効果が大きいゲルマニウムやシリコンなどが使われます。

□**比視感度**……P55

人間の目が、光の波長ごとに明るさを感じる強さを数値化したもの。最大感度を「1」として、エネルギーが同じ場合の最大感度に対する波長ごとの感度の比率（相対値）です。

□**微風速計**……P90〜91、P96

□**負圧（陰圧）**……P74、P126

□**フィルトレーション（除去）**……P28、P118、P127

フィルターを用いて濾過、すなわち粒子を分離する技術。後ろに「除去」と付ける場合は、分離だけでなくそのまま排除することを意味します。現場によって濾過条件は異なりますから、その設定を見極め、適切なフィルターを選定することが重要です。

□**ブツ（ブツ特性）**……P32〜33

ブツ（ブツ不良）は、塗料に起因するもの、ゴミ・異物によるもののふたつがあり、静電吸着によって事態がより深刻になる可能性があります。周辺環境の状況を把握するとともに観察をし、それぞれの現場に最適な対策を講じることが重要となります。

□**プッシュプル（方式）**……P109

クリーン化におけるプッシュプル方式とは、ゴミ・異物やその発生源を挟んで、吹き出し用・吸い込み用の2つのフードを向かい合わせて設置する換気装置を指します。その際の気流は平均0・3m／秒前後と緩やかで、ゴミ・異物を攪拌することなく換気することが可能な方式です。

□**ベーン式**……P96

ベーン（vane）とは羽根車の羽根のこと。ベーン式風速計は、風速5〜20m／秒程度の中風速域に適する風速計です。

□**防塵衣**……P20〜23

□**防塵靴……P20～23、P39**

□**防塵手袋……P20～23**

□**防塵マスク……P20～23**

□**ポンピング作用……P20**

ポンプなどによる圧力で流体などを移動させること。防塵衣は特性上、気密性が高いため、着用者の動作により防塵衣内の空気圧が部分的に高まり、手首に接する袖口などの開口部から、中の繊維クズなど汚染物を含む汚染空気が、ポンピング作用で急激に押し出され、広範囲を汚染してしまう可能性があります。

マ・ヤ 行

□**マノメーター(圧力計／差圧計)……P75、P79、P88**

管や容器内の流体の圧力を測定したり、ふたつの場所の圧力差を表示する器具。クリーンルームの気圧差の測定、空調分野の静圧と差圧の測定ができ、エアフィルターの目詰まり点検などにも利用されます。

□**ミー散乱……P46**

光の波長と同じくらい、ないしはより大きい粒子による光の散乱現象。波長に依存せず、すべての波長の光が同じように散乱するため、白っぽく見えます。

□**見える化ライト……P48～49、P52～57**

□**ミストトレース……P90～93、P95**

□**四原則……P30**

ラ 行

□**乱流式→非一方向流方式**

□**リターンダクト……P28～29**

いわゆる環気ダクトのこと。空調機や環気ファンによってクリーンルームなどの現場から、ゴミ・異物などとともに空気をリターンする(戻す)ためのダクトです。

□**粒径分布曲線……P60～61**

□**励起光……P54**

蛍光体などの物質に紫外線やX線を当てると、その物質は蛍光や燐光を放射します。そのように使用する紫外線やX線が励起光。励起光と放射される光(蛍光・燐光)はそれぞれ波長が異なり、一般に放射される光の波長の方が長いのが特徴です。

□**レンブラント光線……P46**

雲間から太陽光が放射状に地上へ降り注ぐ薄明光線の別称。「光の魔術師」とも呼ばれるバロック絵画を代表する画家、レンブラント・ファン・レインが好んで描いたことから名付けられました。

□**ローダー(L)……P15～16、P123**

英語では「Loader」。本来は積込機や充填機と訳されますが、製造現場では搬送装置、すなわち製品を各工程に搬送する機械・装置のことを指します。製造工程の自動化・省人化には欠かせない設備ですが、稼働時にベルトクズなどゴミ・異物を作り出す元凶にもなるため、注意が必要です。

英字

□**Fed.STD.……P60～61、P１１７**

米国連邦規格（Federal Standard）の略。クリーンルームの清浄度クラスを規定するものとしては、Fed.STD.209D、同209Eなどがあります。

□**ＦＦＵ……P１００～１０３、P１２２～１３５**

□**ＨＩＤ光源…P48**

ＨＩＤとは「High Intensity Discharge」の略。金属原子高圧蒸気中のアーク放電による長寿命・高効率な光源で、「高輝度放電ランプ」とも呼ばれます。

□**ＩＳＯ…P60～61、P１１７**

スイス・ジュネーブに本部を置くInternational Organization for Standardization（国際標準化機構）の略称。ＩＳＯが制定した国際標準規格をＩＳＯ規格といいます。

□**ＪＩＳ Ｚ８１２２ コンタミネーションコントロール用語……P24**

１９９４年に制定された日本産業規格（当時は日本工業規格。２０００年に工業標準化法第12条第1項の規定に基づき改訂）。清浄度管理ともいい、限られた空間や製品などの内部や表面、周辺へ要求される清浄状態を保持するために計画を立て、組織し、実施することをいいます。なお、放射能の問題は含みません。

□**ＪＩＳ Ｂ９９１９ クリーンルームの設計・施工及びスタートアップ……P78～80**

２００１年に第1版として発行された「ISO 14644-4：Cleanrooms and associated controlled environments—Part 4：Design, construction and start-up」を翻訳し、技術的内容を変更して作成した日本産業規格。適用範囲はクリーンルーム施設の設計・施工に要求される事項に限定されます。

□**ＰＭ２・５……P14、P19、P29**

ＰＭとは「Particulate Matter」の略。ＰＭ２・５とは、そのものの直径が概ね２・５㎛（マイクロメートル／1㎛＝1㎜の１０００分の1）以下の超微小粒子のことをいいます。その成分は炭素、硝酸塩、硫酸塩、アンモニウム塩のほか、ケイ素、ナトリウム、アルミニウムなどの無機元素です。

□**ＵＶ（紫外線）……P54**

「ultraviolet」の略で、赤外線と同じ非可視光線。太陽光の中でもっとも波長の短い光で、波長によってＵＶＡ、ＵＶＢ、ＵＶＣに分かれます（但し、ＵＶＣは地表に到達しない）。

□**ＸＹＺ成分（Ｘ、Ｙ、Ｚ成分）……P99**

三次元空間を表現するX軸、Y軸、Z軸による直交座標（デカルト座標）の中にある1点を設定し、各々の軸からその点までの距離をＸＹＺ成分といい、その成分測定から風向の数値化が可能になります。

「ゴミ・異物不良の対策の成否は、最後は現場の躾（しつけ）に行き着きます」

これは著者の矢島良彦さんに出会った頃に教えていただいた言葉ですが、私はものづくりにおけるすべての対策の本質だと思っています。現場におけるムダや不良は、それをムダや不良と思わない人にとってみれば、ムダでも不良でもありません。私たちがどのような成果を得るかは、どのような行動をとるかにかかっていますし、それは私たちが物事をどう見るかにかかっています。

最近の世界情勢と日本経済の低落によって、様々な資材やエネルギーのコストが高騰し、ものづくりの現場はかつてないほどの苦境に立たされています。当社が製造現場のクリーン化に注目し、顧客企業のゴミ・異物不良の対策を始めたのは、15年ほど前、現在と同様に資材の急騰に直面したからです。当社は産業用塗料や工業薬品といった原油に由来する材料のサプライヤーですから、原油価格の高騰は営業活動が値上げ活動にシフトすることを意味しています。北米の原油価格の指標値は、1980年の前半から2000年までは1バレル25ドルを下回るあたりで推移していましたが、2003年頃から5年ほどで100ドルに達するまでになりました。材料メーカーからの値上げ通知が届けば、私たちも値上げをしなくてはやっていけません。その度に値上げをお願いするのですが、「おたくは値上げの度に売上が伸びていくのだから嬉しいだろう」と言われてしまいます。これほど歯がゆく、しかも抗弁できないことはありませんでした。

こうした中で生まれたのが、ゴミ・異物不良の対策提案です。値上げをお願いしたとしても、その分使う材料を減らせればお客様の支払う材料代は変わりません。不良さえ出なければ、表面処理に使う化学材料の費用だけでなく、部材そのものや投じた時間もムダにせずにすみます。私たちには材料相場はコントロールできませんが、現場で起こる不良の対策ならできる。これが当社で生産環境のクリーン化を手がけることになった経緯です。そして出会ったのが、当社のチーフコーディネーターとしてご活躍いただく矢島良彦さんでした。

私たちがどのような成果を得るかは、物事をどう見るかにかかっていると言いましたが、ゴミや異物を見えるようにする「見える化機器」は、今では多くのお客様に知られるようになりましたし、ゴミ・異物の量をマネジメントするための計測機器も、ものづくりの現場状況を把握する一助としてご活用いただくようになりました。

クリーン化技術はものづくりにおける不良やムダをなくす、環境にもコストにも優しい社会的な意義のある技術です。この本を通じて多くの人の現場で改善の一助として実践され、多くのクリーン化技術がものづくりに活かされたらこれほど素晴らしいことはありません。何よりも、見えにくいものを見えるようにし、コントロールするという仕組みを通じて、「ムダを知り、ムダをなくす」ことを当たり前の躾（しつけ）として身につけた人たちが増えていき、これからも日本のものづくりが世界に期待され続けることを願ってやみません。

著者の矢島良彦さんには持てる知識や経験を惜しみなく記していただきました。また、産直新聞社の中村光宏さんには、専門書とも言える内容を分かりやすく読みやすい本になるように、著者との緊密な連係を図りながら、技術の解説にご努力いただきました。お二人に心より感謝申し上げます。

2023年12月

NCC株式会社　原田　学

NCC 現場が生まれ変わるシリーズ
実践で差がつく「ゴミ・異物不良」改善術

発行日　2024年1月16日 初版第1刷発行
著　者　矢島良彦
イラスト/カバーデザイン　伊藤萌里
デザイン　竹内 学（竹内デザイン室）
デザイン（表組）　那須野佐織（IROAS DESIGN WORKS）
編　集　中村光宏（株式会社 産直新聞社）
編集協力　NCC株式会社 マーケティング事業部

発行人　毛賀澤明宏
発行所　コペル書房
〒396-0025 長野県伊那市荒井3428-7 alllaオフィスC
電話　0265（96）0938

企　画　NCC株式会社
印刷・製本　株式会社 小松総合印刷

ISBN 978-4-9913410-0-7　C3050
定価はカバーに表示してあります。
乱丁・落丁本は、郵送料小社負担でお取り替えいたします。

【続】著者・矢島の自己紹介（表面に続き、詳細編をお届けします）

●クリーン化技術との出合い（1983年8月）

諏訪精工舎（現セイコーエプソン）にて、液晶表示体の一種であるTFT（薄膜高温ポリシリコントランジスタ）事業の立上げプロジェクトに参画し、量産工場の立上げを担いました。**TFTの製造にはクリーンな環境が必須。そこで、現場のクリーン化の重要性を肌で感じました。**88年9月には、正式にTFT製造技術部門に異動。93年12月まで、クリーン化技術推進担当者として、設備導入と立上げ、さらには評価を担いました。

●MIM製造技術部に異動（1994年1月）

MIMとは、液晶デバイスの表示方法のひとつ。〝メタル・インシュレーター・メタル〟を略したものです。TFTより簡単なプロセスで表示できる特徴を持っているのですが、当時は歩留まりが悪く、顧客のカーナビゲーションメーカーへの納品に苦戦していました。

そこで**TFTで実績を上げた矢島が招聘**され、クリーン化推進を担うことになりました。

異動後は、まずクリーン化推進のキックオフを実施して推進組織を立ち上げました。そして、**部門全体での取り組みに成功し、進行歩留まりは飛躍的に向上**しました。

95年5月には、MIM事業が豊科事業所に集結することになり、**推進キーマンを育成するために**1年間外出しながら、異物対策業務支援も経験しました。

また、**クリーン化技術の一環として、防塵衣クリーニングプラント設置に尽力。**生産技術担当として参画しました。

翌年7月には全社クリーン化技術推進組織化に対応するべく、生産技術開発本部に異動。組織化を任され、その準備を開始しました。

末永いお付き合いができますように!!」

●海外での業務に参画（1997年8月〜2000年10月）

97年夏から**台湾・台中の現地法人の新工場立ち上げから量産化安定までを担当**しました。

２０００年の11月に**マレーシアの水晶振動子製造プラントクリーン化技術推進による歩留まり向上プロジェクトに参画、**中国・蘇州の液晶表示体工場にて第一次クリーン化技術推進に参画、続けて**水晶振動子製造プラントの第一次クリーン化技術推進に参画。**99年4月に生産技術開発部内が課単位組織化され、全社クリーン化技術推進業務が展開されて以降は、中国・上海の**クリーン磁石工場設置に伴うクリーン化技術支援業務に参画、**同・天津の**プリンター用インクカートリッジ工場のクリーン化技術支援業務に参画**と、1年の約半分を海外で過ごしました。

●帰国もつかの間、アメリカ、そしてシンガポールへ（2000年11月〜2002年12月）

２０００年11月、久しぶりに日本での業務に戻り、**生産技術センター内クリーン化技術推進担当**として着任。クリーン化を助ける様々な機器の開発に挑みました。その頃、**局所クリーン化機器技術を開発し商品化。気流可視化装置や高性能FFU、除塵用スポットエアシャワーなどの開発に成功**しました。すると２００２年にアメリカ・ソルトレイクシティにあるMOXTEK社（当時）の無機偏光板製造プラントへの1年間の派遣が決定。**クリーン化技術支援を目的に渡米**しました。その後は、シンガポール&バタム島でクリーン化技術支援（局所クリーンスキャナー組立ライン構築）を行いました。